“十四五”普通高等教育机械类专业系列教材

工程图学基础习题集

（第二版）

刘 炀 王 静◎主编

中国铁道出版社有限公司
CHINA RAILWAY PUBLISHING HOUSE CO., LTD.

图书在版编目(CIP)数据

工程图学基础习题集/刘炀,王静主编.—2版.—北京:中国铁道出版社有限公司,2024.8(2024.9重印)
“十四五”普通高等教育机械类专业系列教材
ISBN 978-7-113-31299-2

Ⅰ.①工… Ⅱ.①刘… ②王… Ⅲ.①工程制图-高等学校-习题集 Ⅳ.①TB23-44

中国国家版本馆CIP数据核字(2024)第108861号

内 容 简 介

本习题集根据教育部高等学校工程图学教学指导委员会制定的“普通高等院校工程图学课程教学基本要求”及近年来发布的与机械制图有关的国家标准编写而成，包括点、直线、平面的投影，立体，制图的基本知识和技能，组合体，轴测图，机件的常用表达方法，标准件和常用件，零件图，装配图等内容。所选习题是合肥工业大学工程图学系广大教师多年教学经验的总结，本着精讲精练的原则，同时选编了一些有一定思考深度的题目，以利于加强学生空间思维能力的培养。本习题集与王静、刘炀主编的《工程图学基础（第二版）》（中国铁道出版社有限公司2024年出版）教材配套使用，紧扣教材，由易至难，重点突出。

本习题集内容全面，适合作为高等院校近机类、非机类专业“工程图学”课程的配套教材，也可作为其他类型教学或培训的配套教材和参考书，参考学时为40～70。

书　　名：工程图学基础习题集
作　　者：刘　炀　王　静

策　　划：曾露平　　编辑部电话：(010)63551926
责任编辑：曾露平　包　宁
封面设计：刘　颖
责任校对：安海燕
责任印制：樊启鹏

出版发行：中国铁道出版社有限公司(100054,北京市西城区右安门西街8号)
网　　址：https://www.tdpress.com/51eds/
印　　刷：河北宝昌佳彩印刷有限公司
版　　次：2018年8月第1版　2024年8月第2版　2024年9月第2次印刷
开　　本：787 mm×1 092 mm　1/8　印张：17.75　字数：234千
书　　号：ISBN 978-7-113-31299-2
定　　价：46.00元

前　　言

“工程图学”作为工程界的通用技术语言，不仅是后继专业课程学习的基石，也是培养学生工程意识和认真负责工作态度的良好途径，是实现培养目标的必修技术基础课程。本习题集按照教育部高等学校工程图学教学指导委员会制定的“普通高等院校工程图学课程教学基本要求”及近年来发布的最新技术制图和机械制图国家标准，力求培养近机类、非机类专业学生看读和绘制工程图的能力。本习题集与王静、刘炀主编的《工程图学基础（第二版）》（中国铁道出版社有限公司2024年出版）教材配套使用，章节结构和层次与其基本一致，每一章有相应的典型习题，按难易程度进行编排，旨在以看图为主，又不失基本的作图训练，培养和提高学生分析和解决图学问题的能力。

本习题集第一版出版后得到读者一致好评。本习题集条理清晰、重点突出、文字简洁清晰、图文并茂、实践性强，可以有效提高学生的学习效果，促进学生的全面发展，其使用效果也得到了广泛认可。本次修订的内容主要有：修正部分已知的图形和语言叙述错误；将各章节涉及的技术制图、机械制图国家标准以及有关标准均改为现行最新标准；对部分习题进行精选和更换。

本习题集由合肥工业大学刘炀、王静任主编，合肥工业大学工程图学系胡延平、黄笑梅、何秀娟、屈新怀、吕堃、孟冠军、丁必荣、葛亮、阮五洲等参与编写。本习题集在编写过程中参考了有关作者的教材，并得到了同行的帮助，在此一并表示衷心的感谢！

由于编者水平有限，疏漏和错误之处在所难免，热忱希望得到广大读者的批评指正。

编　者
2024年6月

目　　录

第 1 章 点、直线、平面的投影

班级　　姓名　　学号　　审核

1-1 根据 A、B、C 各点到 V 面、H 面的距离，画出各点的水平投影和正面投影。

单位：mm

	在V面前方	在H面上方
A	15	20
B	20	15
C	10	20

1-2 已知各点的投影图，试画出它们的立体图。

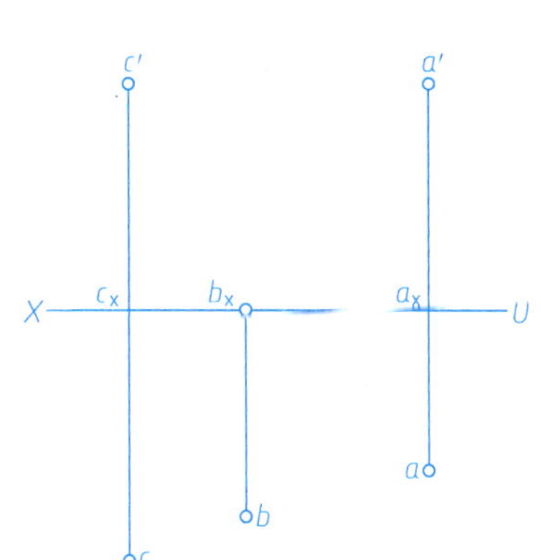

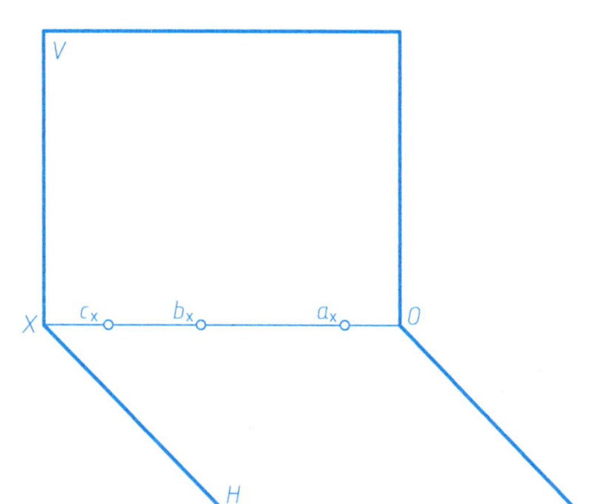

1-3 已知点 A(20,10,25)、点 B(30,0,10)和点 C(15,25,0)的坐标，试作出三面投影图和空间位置。

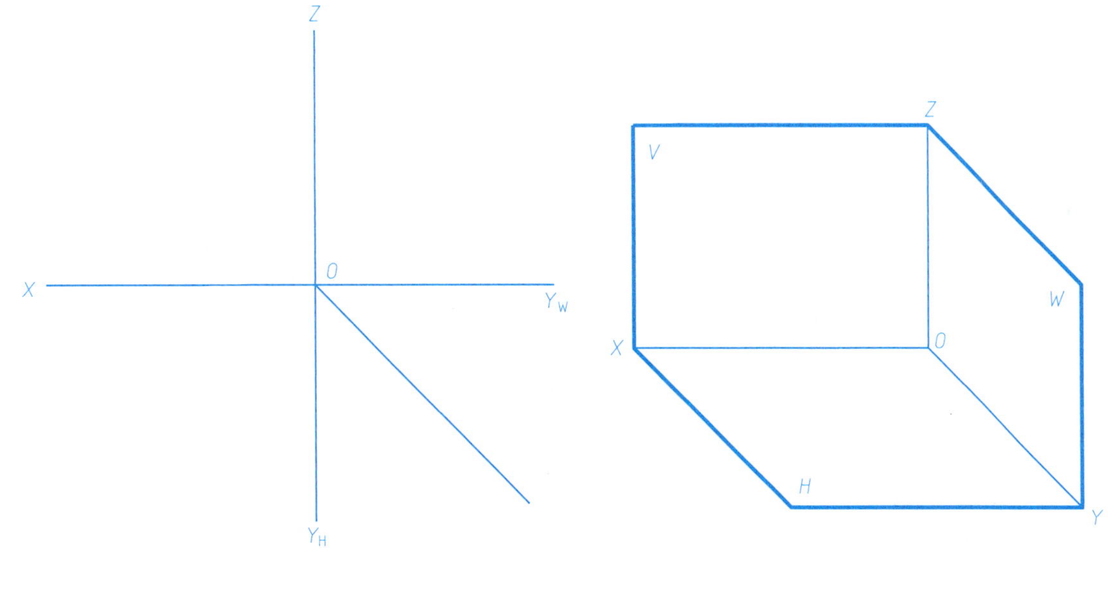

1-4 从立体图中按 1:1 量取各点的坐标，画出其投影图。

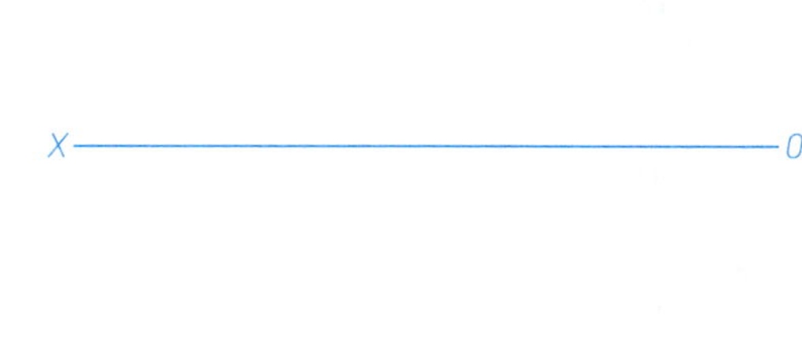

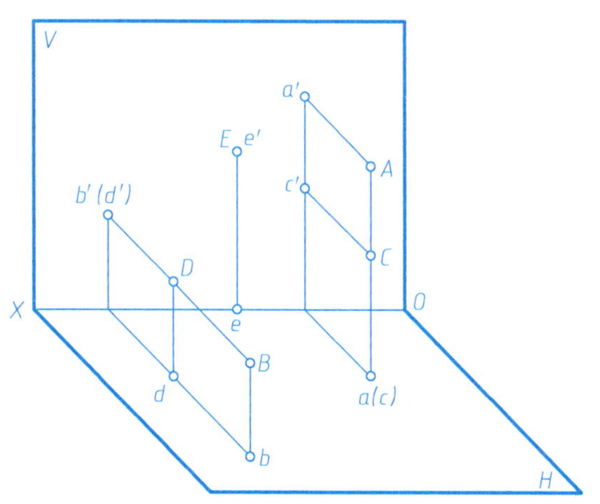

1-5　已知各点的两面投影，作出它们的第三投影，并填写点的位置（如一般空间点，哪个投影面上的点，哪根投影轴上的点）。

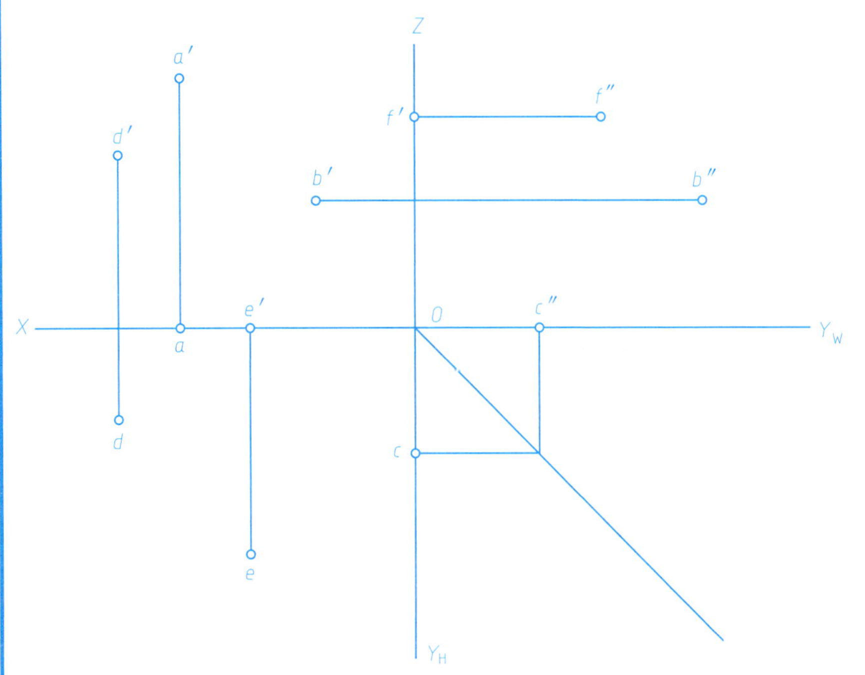

点	空间位置
A	
B	
C	
D	
E	
F	

1-6　参照点 A、B，在投影图中标明立体图中 C、D、E、F、G 各点的投影。

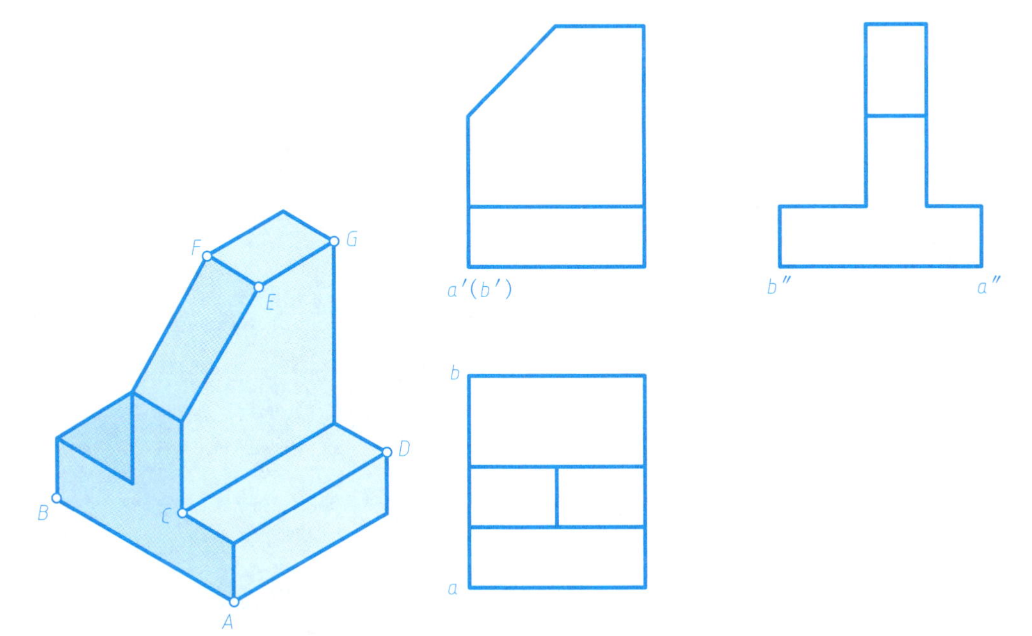

1-7　已知点 B 在点 A 的正下方 15 mm，点 C 在点 B 的正左方 30 mm，试作出点 B 及点 C 的三面投影图，并判别可见性。

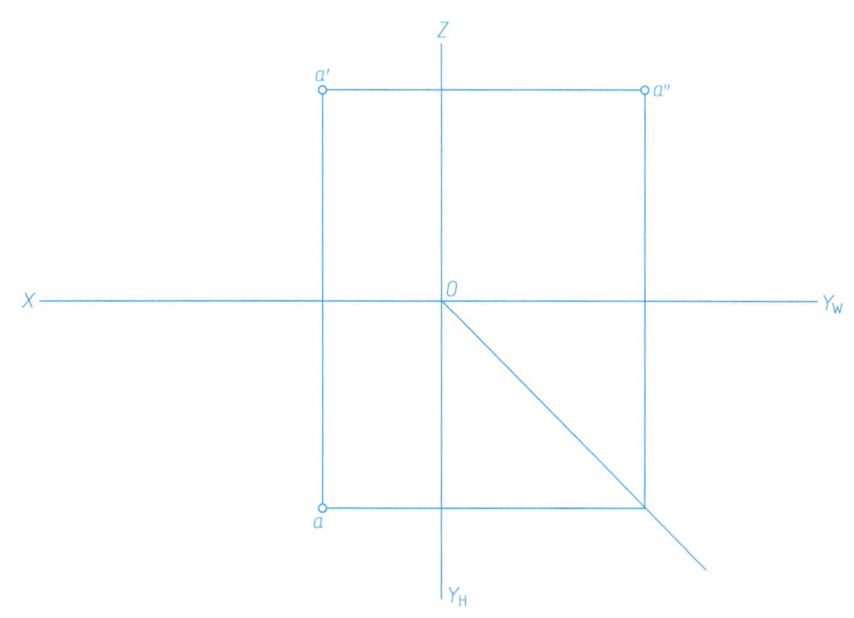

1-8　作出下列各线段的第三投影，并回答它们相对投影面的位置。

1-9　已知 $CD=35$ mm，$\alpha=45°$，作出正平线 CD 的三面投影（只需作出一个解答）。

1-10　在投影图中标明 A、B、C、D、E 各点的投影，并填写各直线为何种位置的直线。

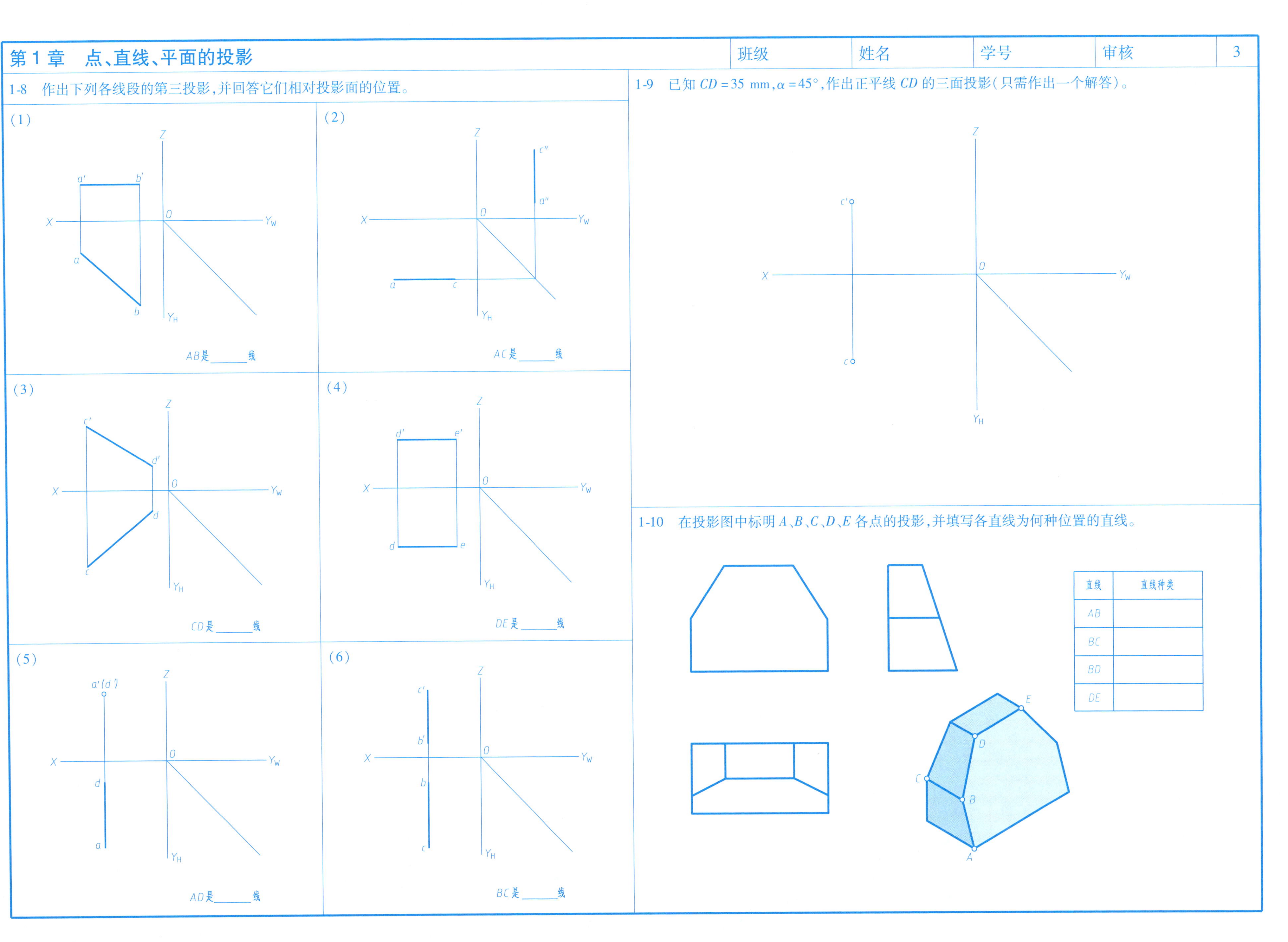

直线	直线种类
AB	
BC	
BD	
DE	

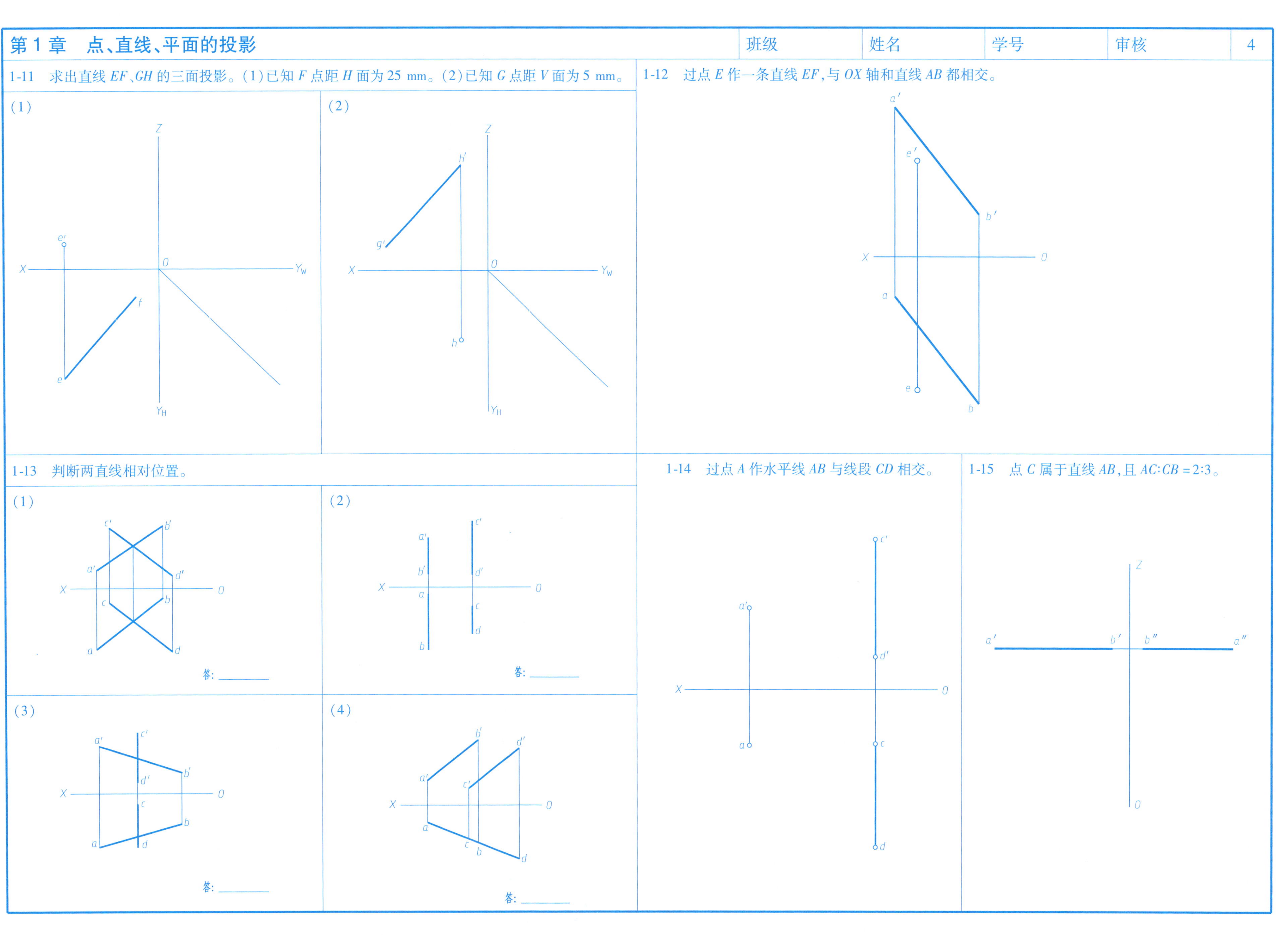
第 1 章　点、直线、平面的投影
班级
姓名
学号
审核
4
1-11　求出直线 EF、GH 的三面投影。(1)已知 F 点距 H 面为 25 mm。(2)已知 G 点距 V 面为 5 mm。
(1)
(2)
1-12　过点 E 作一条直线 EF,与 OX 轴和直线 AB 都相交。
1-13　判断两直线相对位置。
(1)
答:
(2)
答:
(3)
答:
(4)
答:
1-14　过点 A 作水平线 AB 与线段 CD 相交。
1-15　点 C 属于直线 AB,且 AC:CB＝2:3。

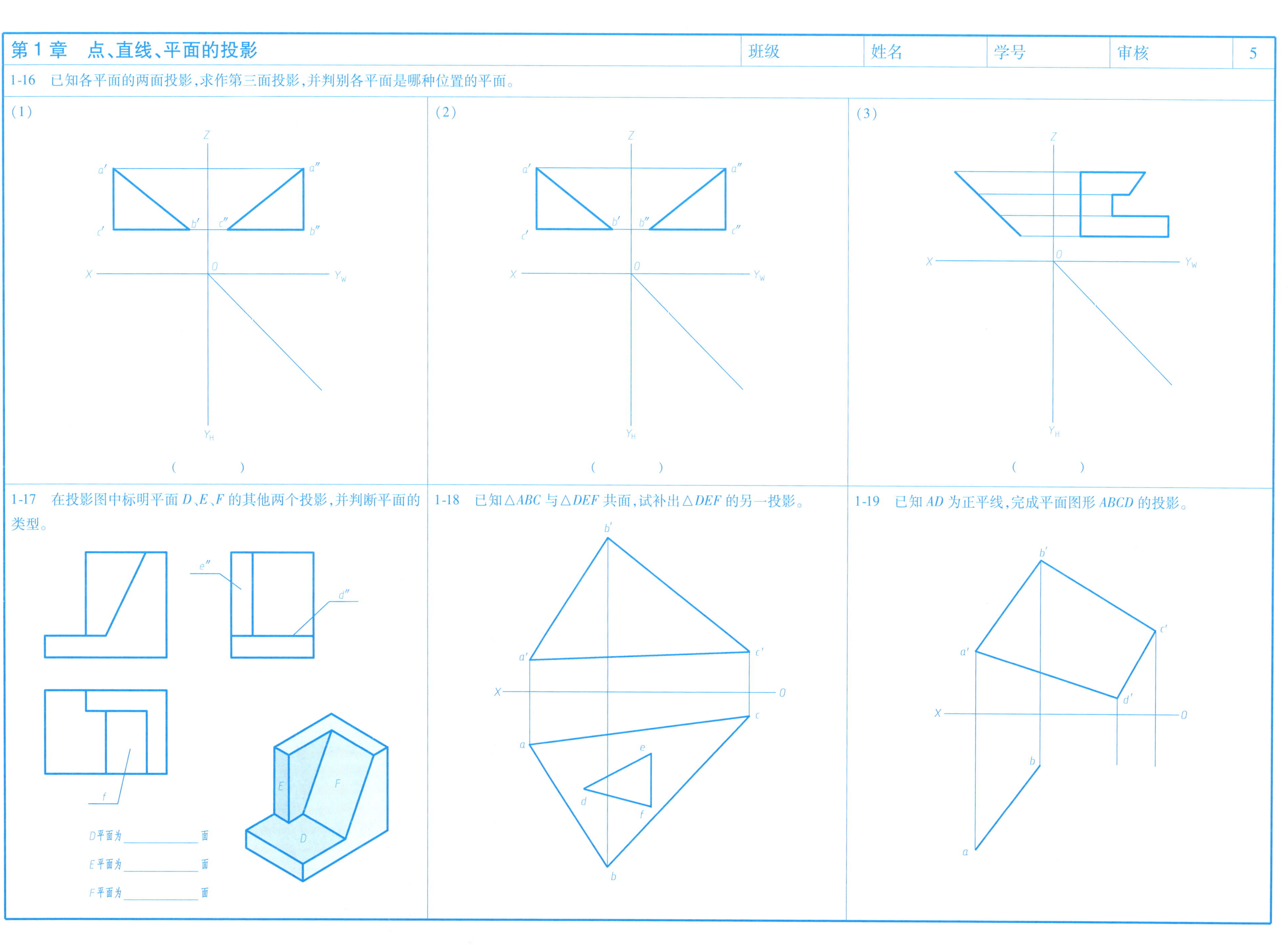
1-16　已知各平面的两面投影，求作第三面投影，并判别各平面是哪种位置的平面。
(1)
(2)
(3)
(　　　　)
(　　　　)
(　　　　)
1-17　在投影图中标明平面 D、E、F 的其他两个投影，并判断平面的类型。
D平面为________面
E平面为________面
F平面为________面
1-18　已知△ABC 与△DEF 共面，试补出△DEF 的另一投影。
1-19　已知 AD 为正平线，完成平面图形 ABCD 的投影。

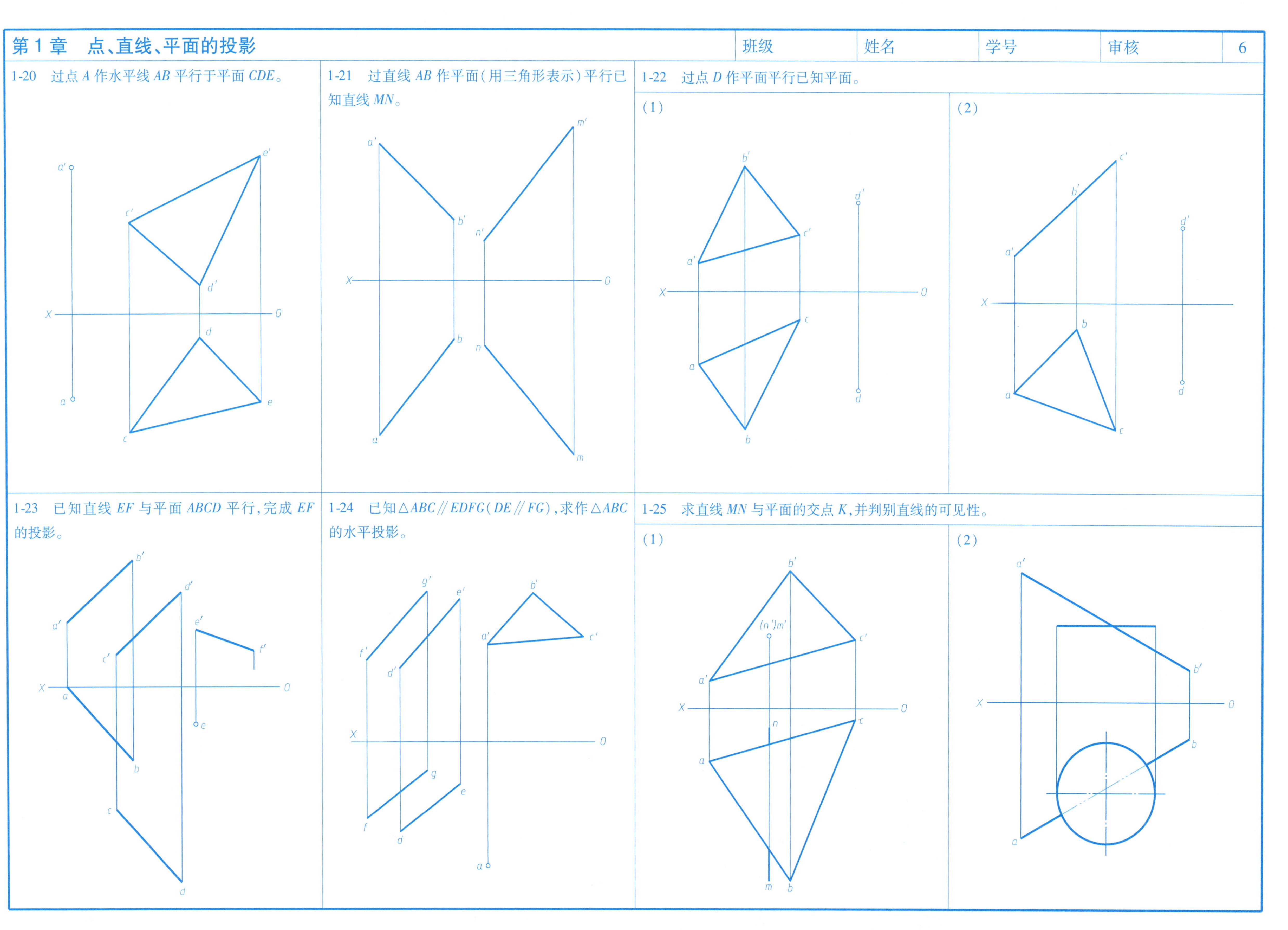

1-20　过点 A 作水平线 AB 平行于平面 CDE。

1-21　过直线 AB 作平面（用三角形表示）平行已知直线 MN。

1-22　过点 D 作平面平行已知平面。

（1）

（2）

1-23　已知直线 EF 与平面 $ABCD$ 平行，完成 EF 的投影。

1-24　已知△ABC // $EDFG$（DE // FG），求作△ABC 的水平投影。

1-25　求直线 MN 与平面的交点 K，并判别直线的可见性。

（1）

（2）

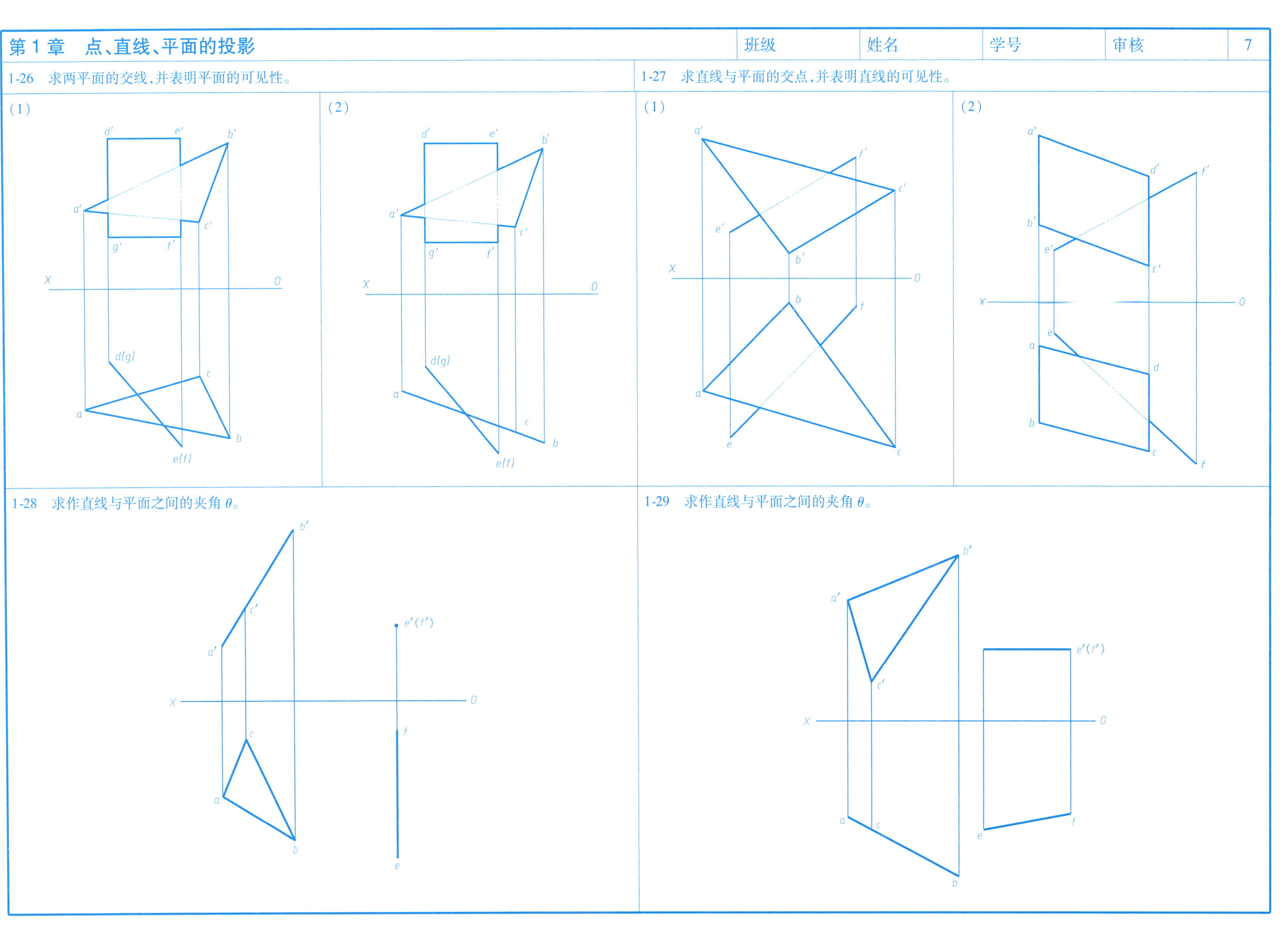
1-26　求两平面的交线,并表明平面的可见性。
(1)
(2)
1-27　求直线与平面的交点,并表明直线的可见性。
(1)
(2)
1-28　求作直线与平面之间的夹角 θ。
1-29　求作直线与平面之间的夹角 θ。
X
O

2-1　完成下列平面立体的三面投影，并补全立体表面上点、线的投影（打括号者表示该投影不可见）。

(1)

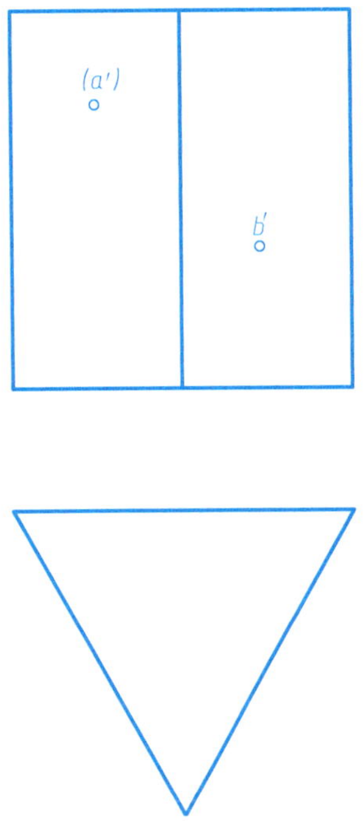

(a′)
b′

(2)

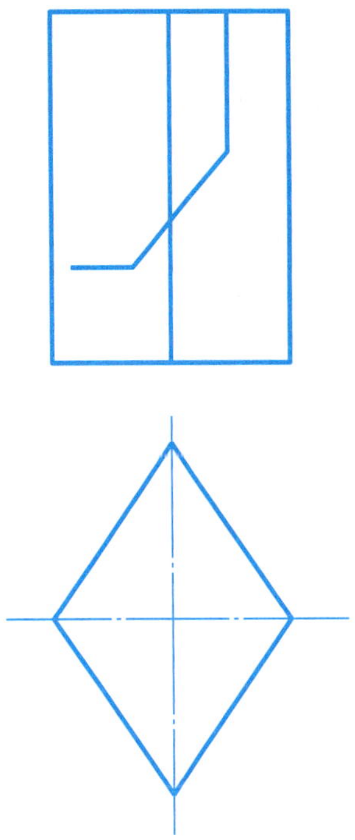

(3)

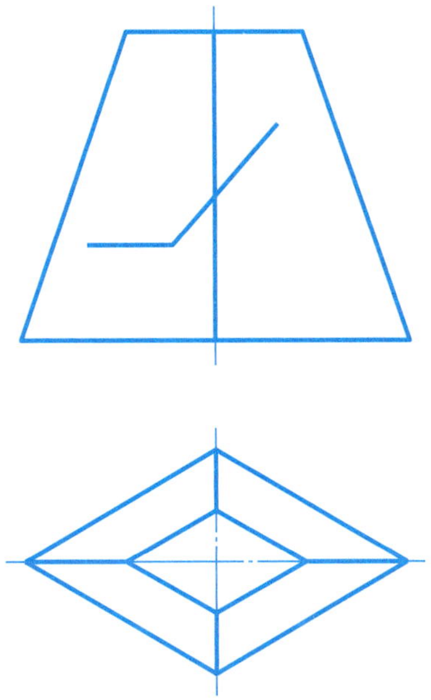

2-2　完成下列平面立体的三面投影，回答问题，并补全立体表面上的点、线的投影。

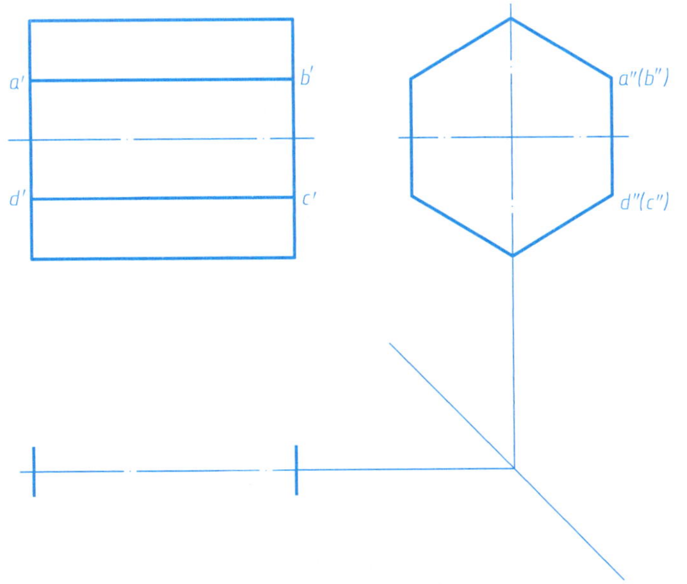

a′　b′　d′　c′　a″(b″)　d″(c″)

ABCD是__________面

AD是__________线

AB是__________线

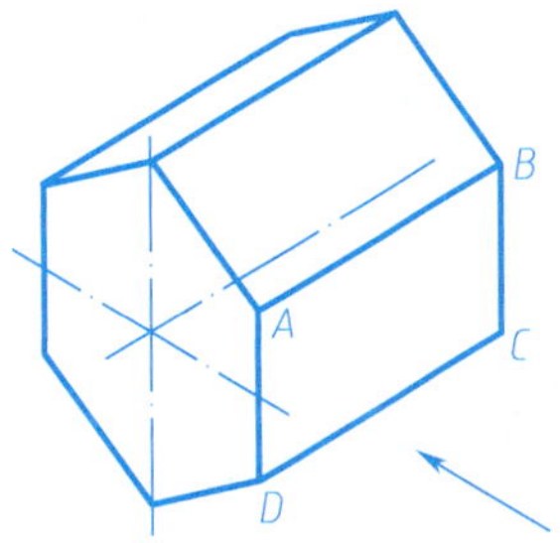

A　B　C　D

2-3　补画三棱锥的侧面投影，在各顶点处标出相应字母，并写出直线反映实长的投影。

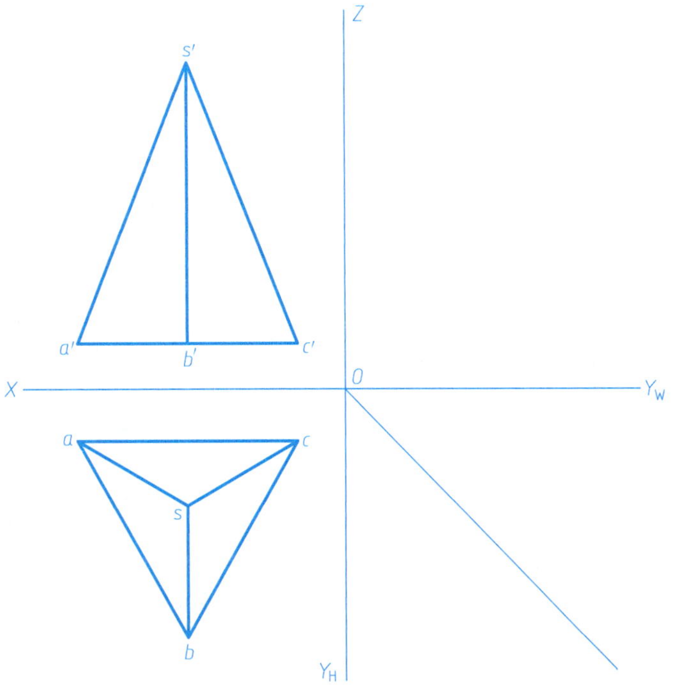

s′　a′　b′　c′　Z　X　O　Y_W　a　c　s　b　Y_H

反映实长的投影为：

____

____

____

____

____

2-4　补全立体表面上的点、线的投影。

(1)

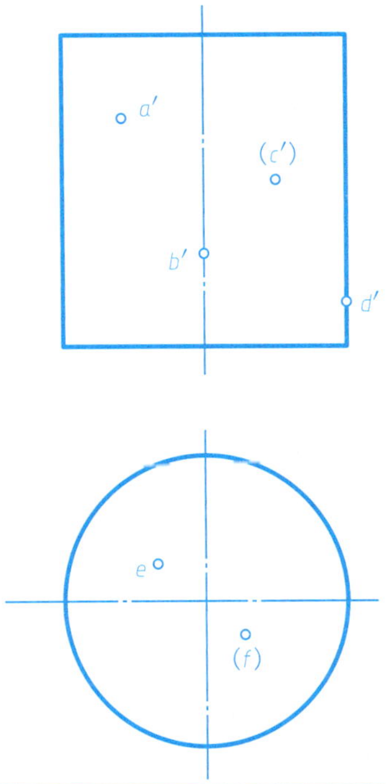

a′
(c′)
b′
d′
e
(f)

(2)

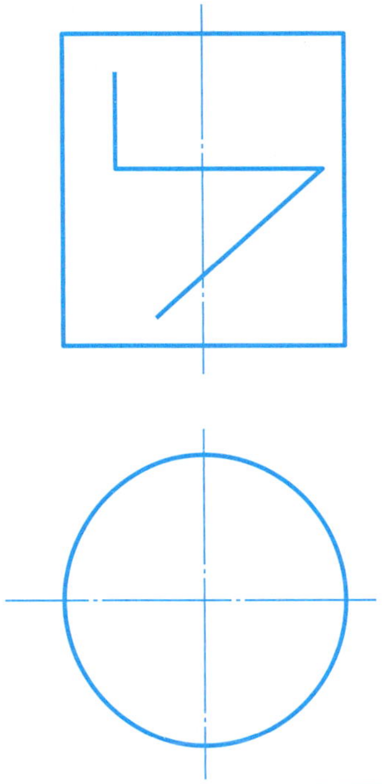

(3)

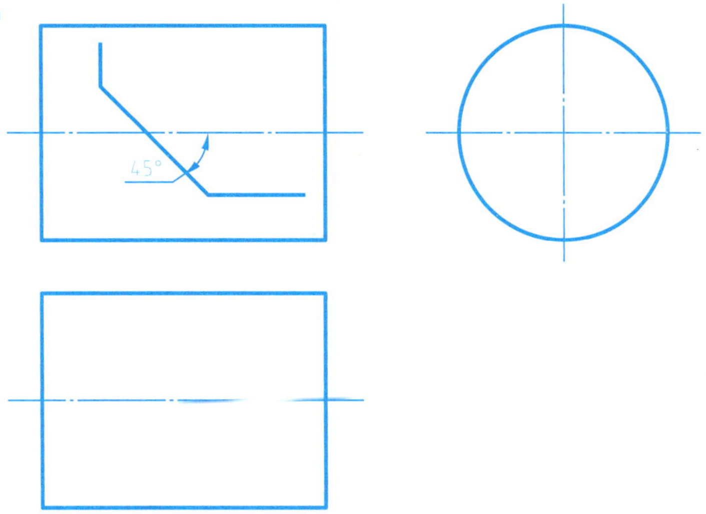

45°

(4)

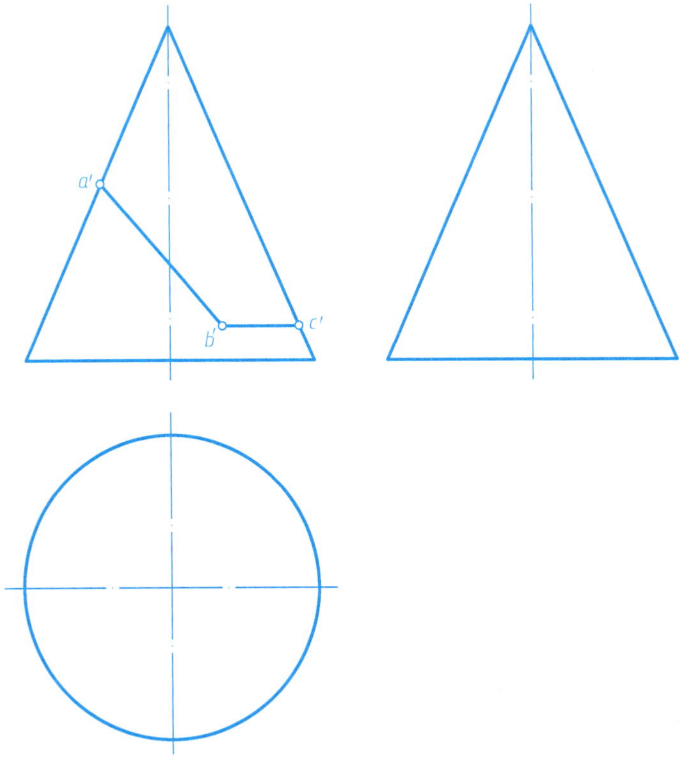

a′
b′
c′

(5)

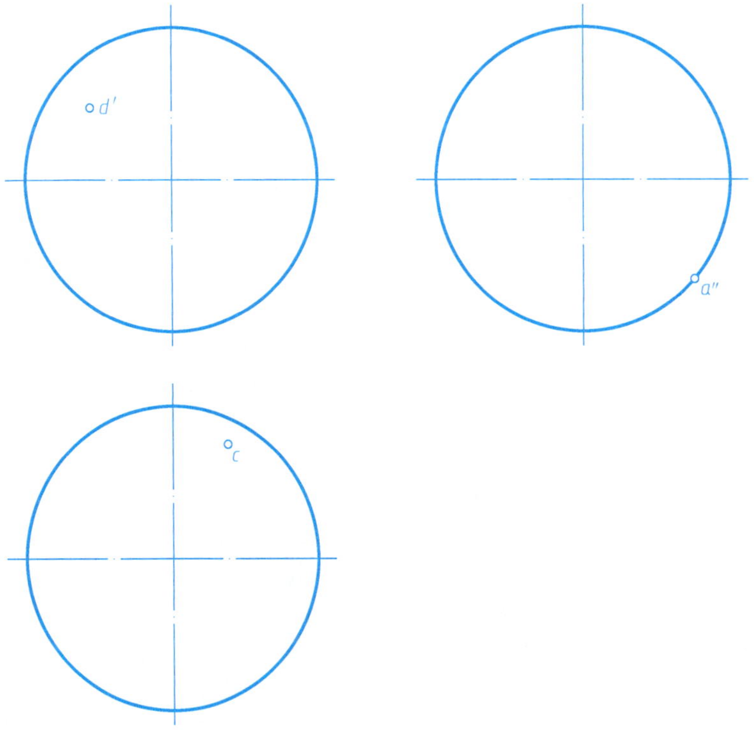

d′
a″
c

(6)

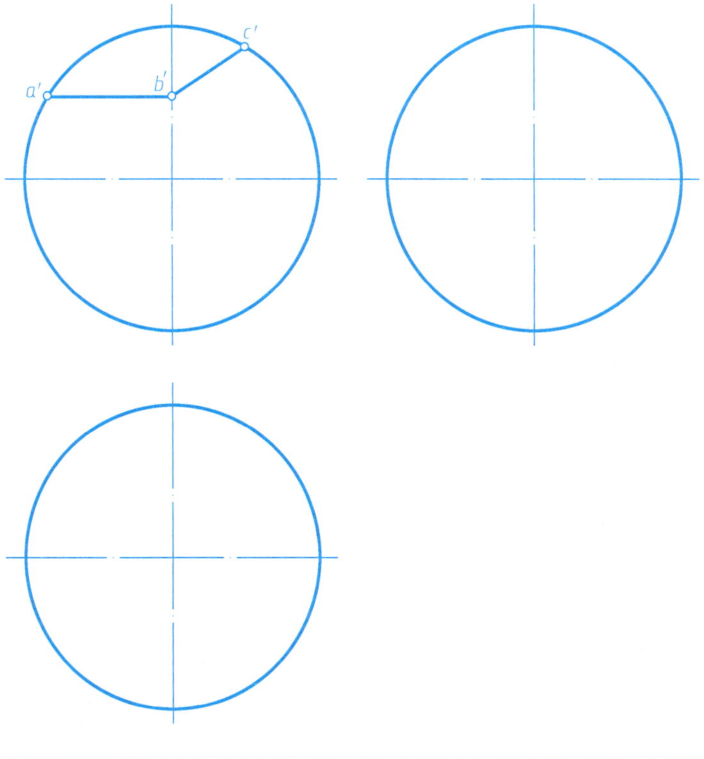

a′
b′
c′

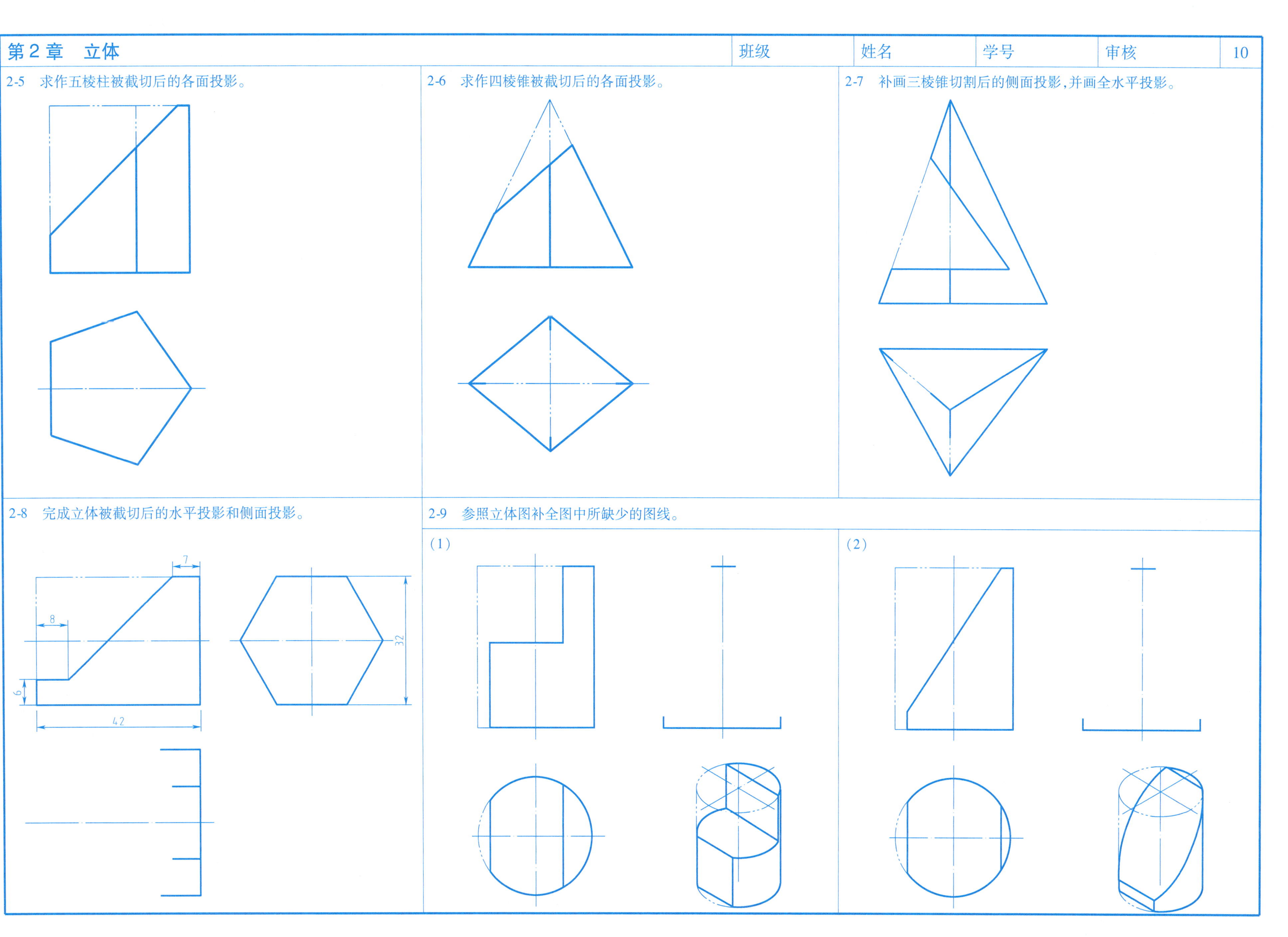
2-5　求作五棱柱被截切后的各面投影。
2-6　求作四棱锥被截切后的各面投影。
2-7　补画三棱锥切割后的侧面投影，并画全水平投影。
2-8　完成立体被截切后的水平投影和侧面投影。
7
8
6
42
32
2-9　参照立体图补全图中所缺少的图线。
(1)
(2)

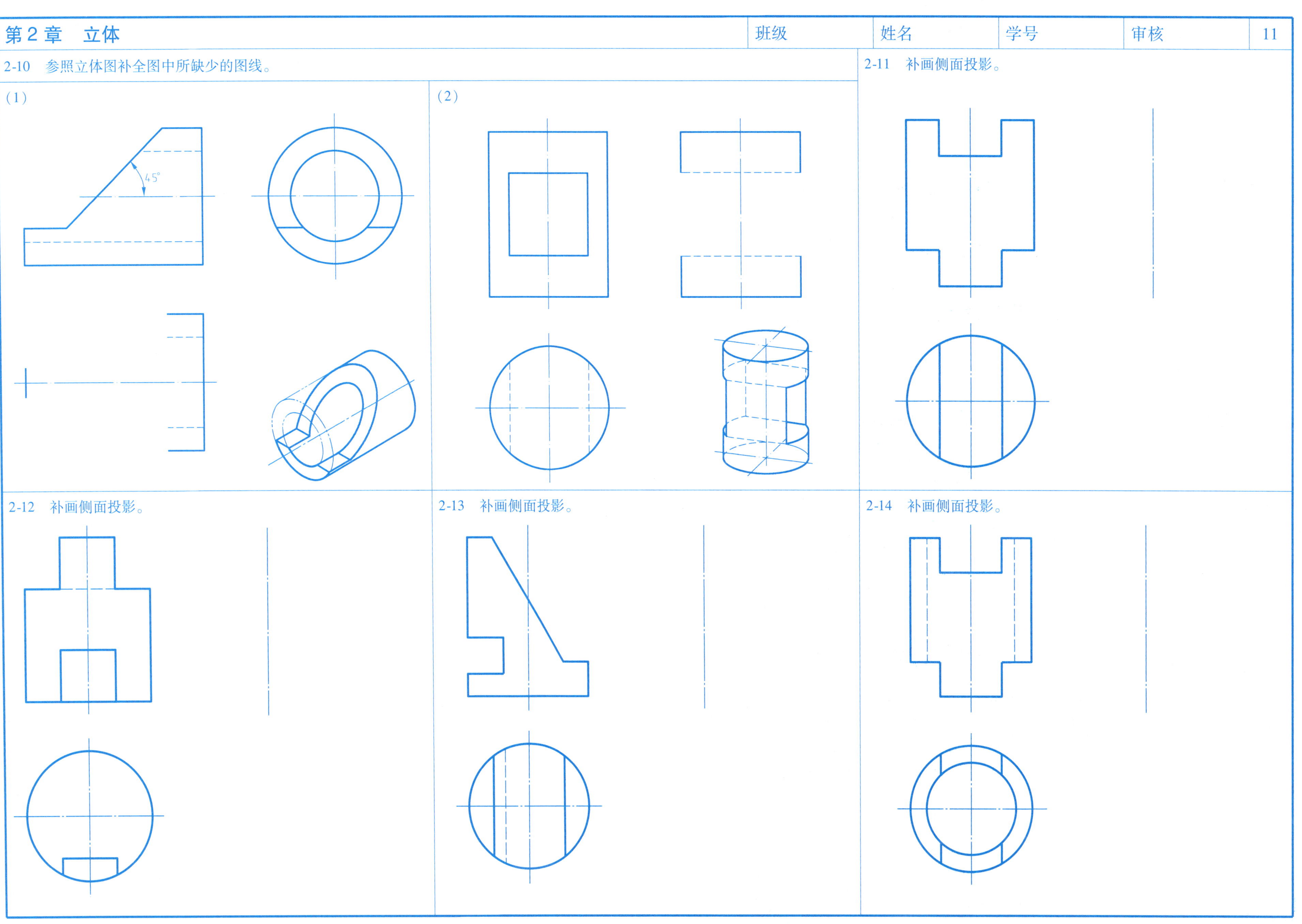
2-10　参照立体图补全图中所缺少的图线。
(1)
45°
(2)
2-11　补画侧面投影。
2-12　补画侧面投影。
2-13　补画侧面投影。
2-14　补画侧面投影。

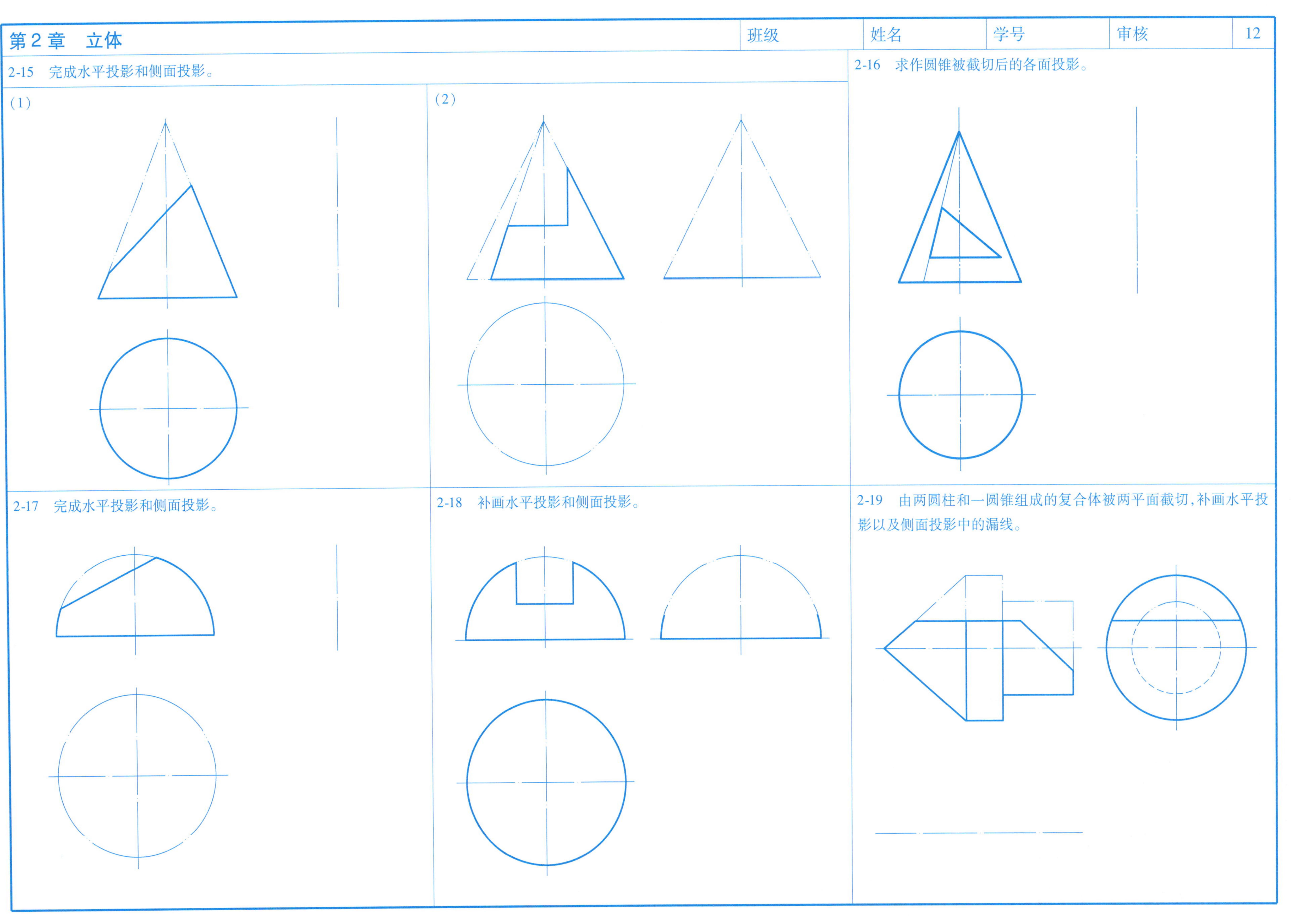
2-15　完成水平投影和侧面投影。
(1)
(2)
2-16　求作圆锥被截切后的各面投影。
2-17　完成水平投影和侧面投影。
2-18　补画水平投影和侧面投影。
2-19　由两圆柱和一圆锥组成的复合体被两平面截切，补画水平投影以及侧面投影中的漏线。

2-20　补画正面投影。

(1)

(2)

2-21　补全图中所缺少的图线。

(1)

(2)

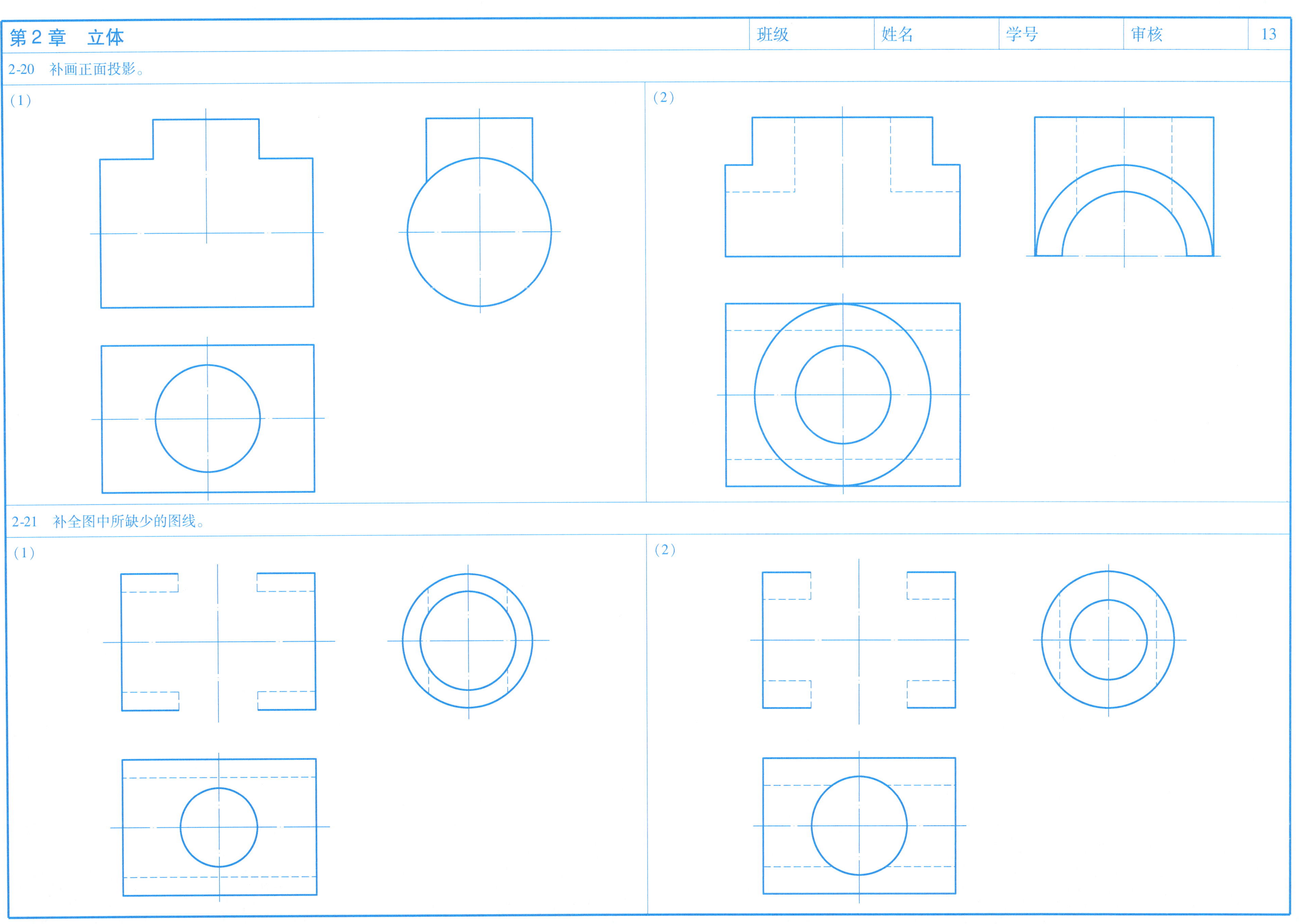

2-22　求两圆柱的相贯线。

2-24　画出圆柱与圆锥相贯线的投影。

2-25　画出圆柱与圆锥相贯线的投影。

2-23　画出圆柱与圆锥相贯线的投影。

2-26　画出圆球与圆柱相贯线的投影。

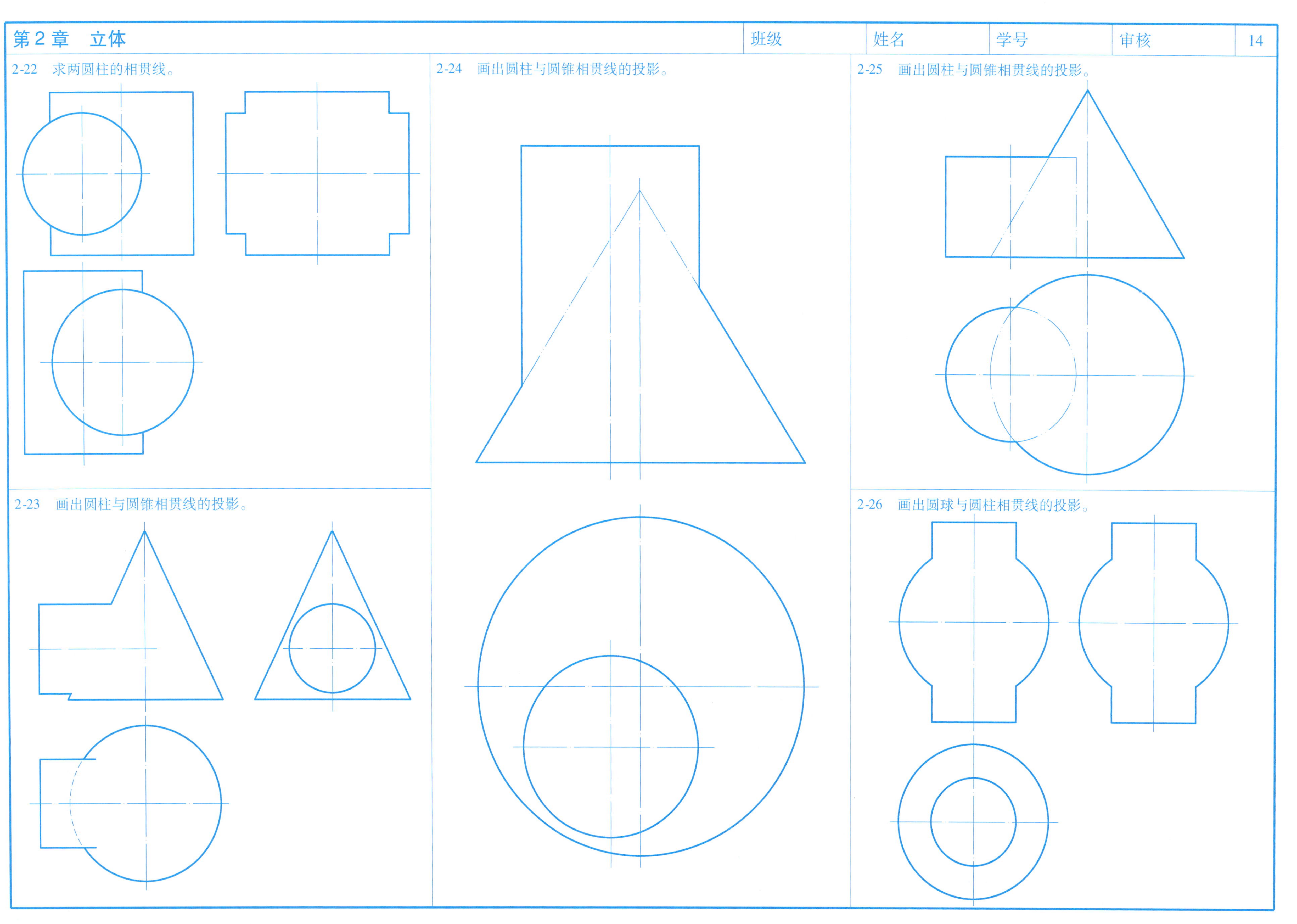

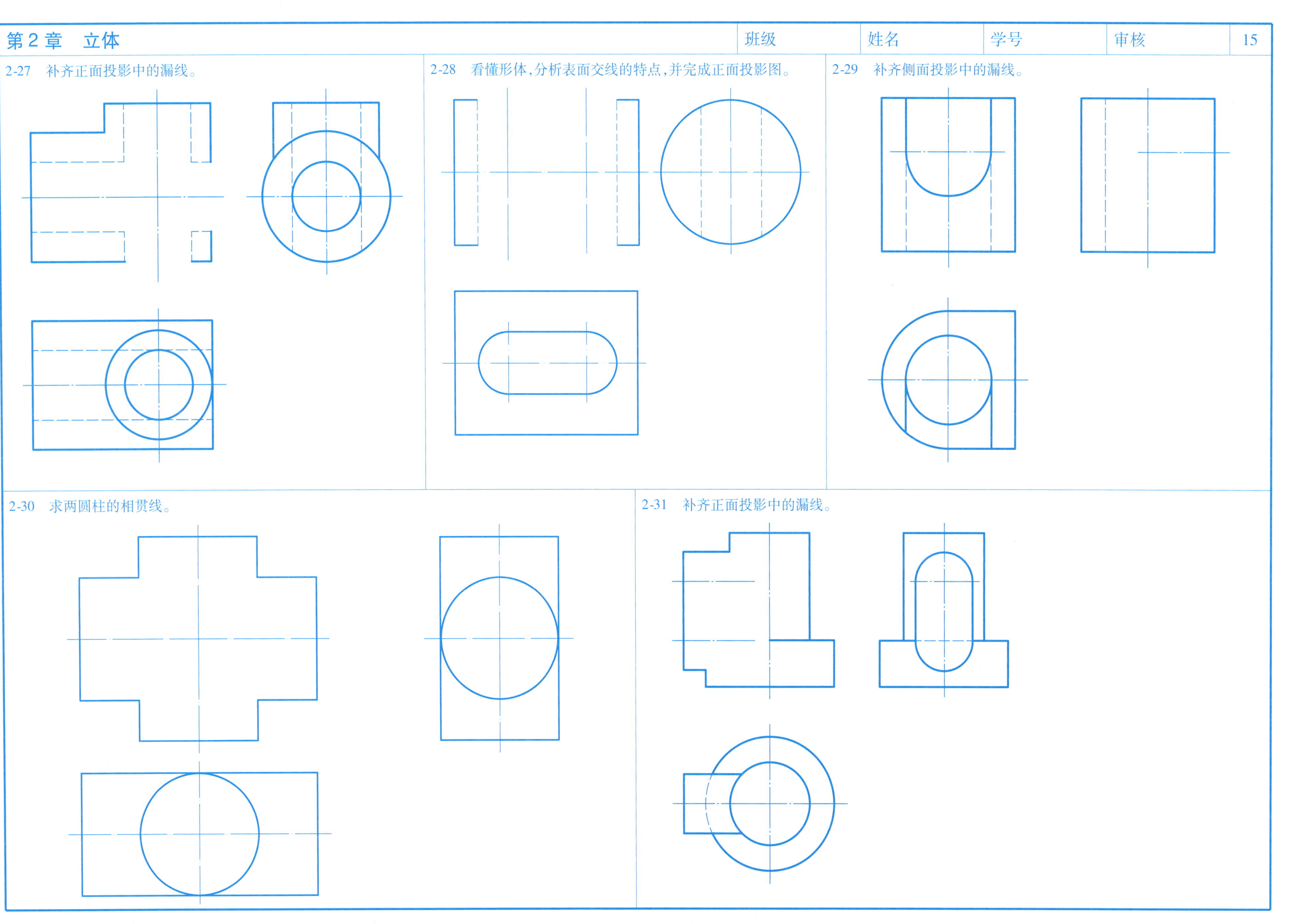

2-27　补齐正面投影中的漏线。

2-28　看懂形体，分析表面交线的特点，并完成正面投影图。

2-29　补齐侧面投影中的漏线。

2-30　求两圆柱的相贯线。

2-31　补齐正面投影中的漏线。

3-1　字体练习。

机械制图比例材料审核上下左右前
后内外方向大小与于技术要求中心
齿轮半径圆角规定标注铸造孔洞庭
班级姓名学号日期零件序数量格国
设计螺栓弹簧母柱键盖轴套销钉座
ABCDEFGHIJKLMNOPQRSTUVWXYZ
abcdefghijklmnopqrstuvwxyz
0 1 2 3 4 5 6 7 8 9 0 1 2 3 4 5 6 7 8 9
0 1 2 3 4 5 6 7 8 9 0 1 2 3 4 5 6 7 8 9

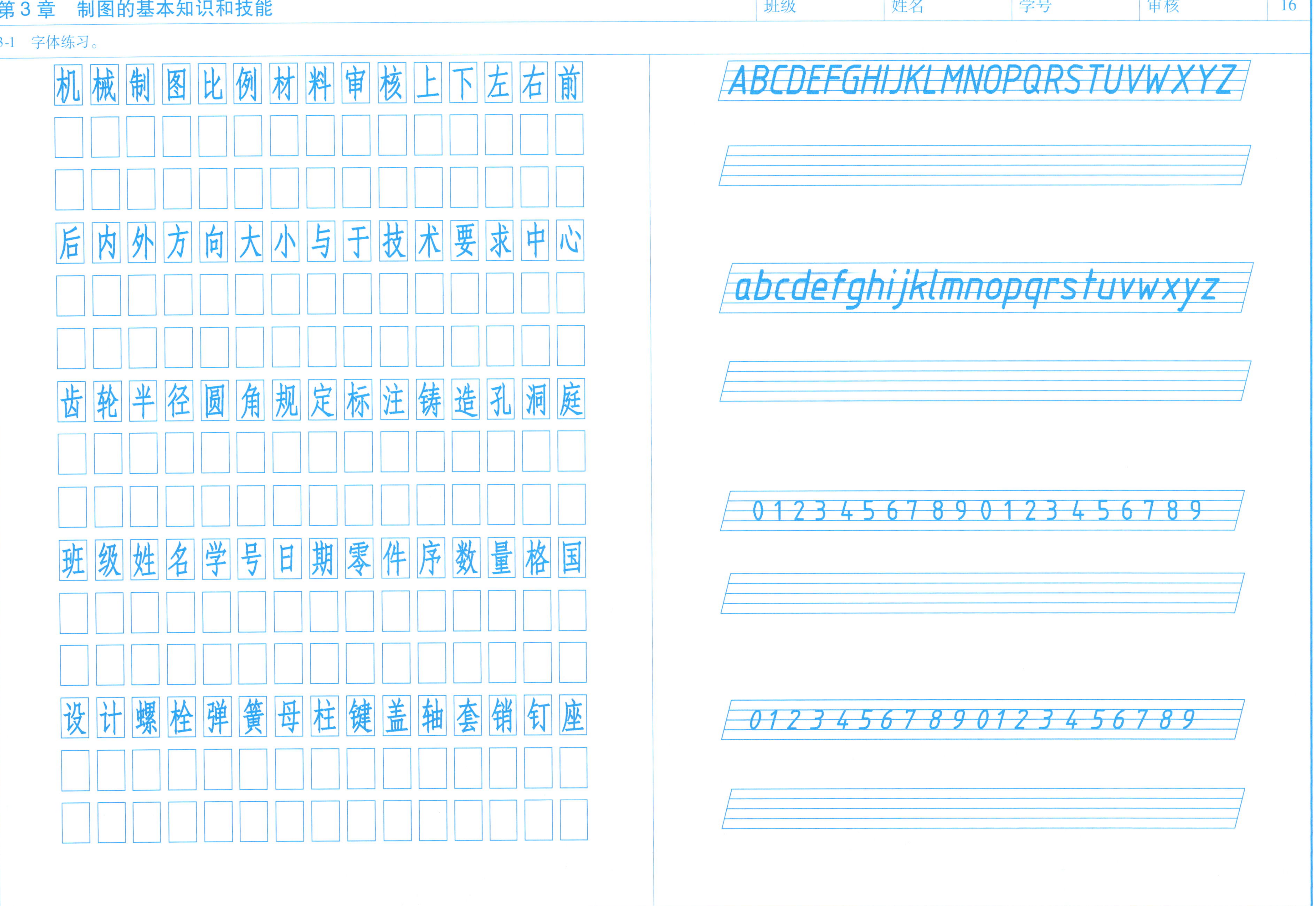

3-2　在 A3 图纸上用 1:1 画出两个图形;(a)线型(不注尺寸);(b)选画一个零件轮廓的图形,并标注尺寸。

(1)线型。

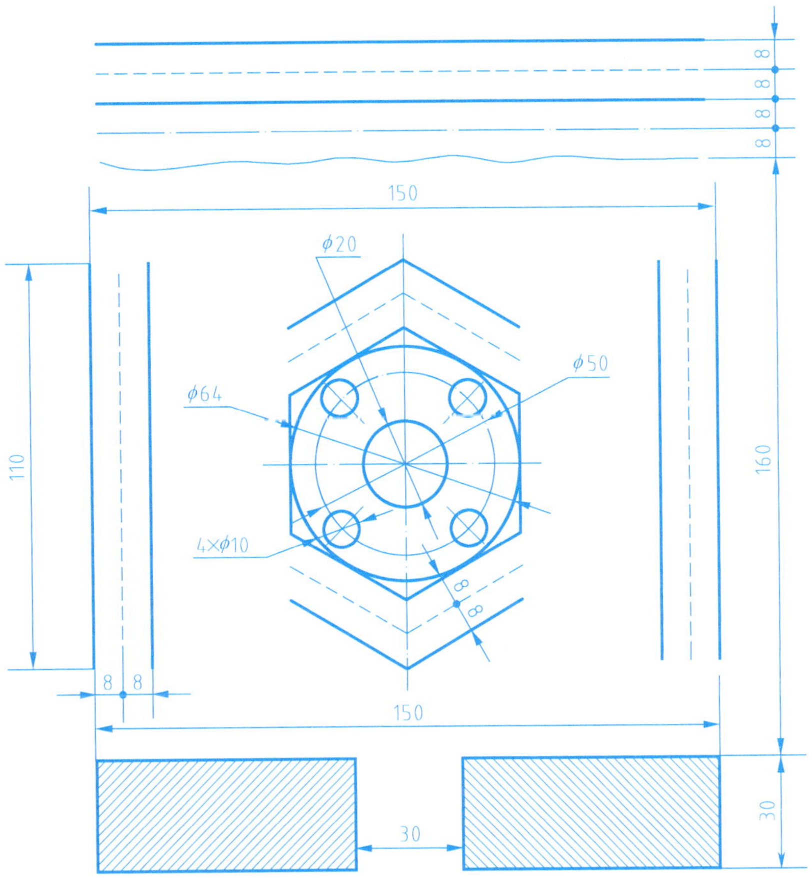

(2)图形。

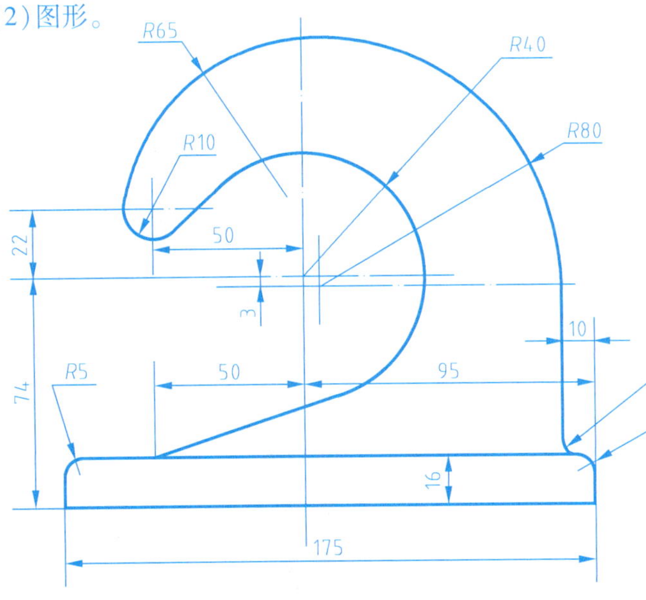

(a)拖钩

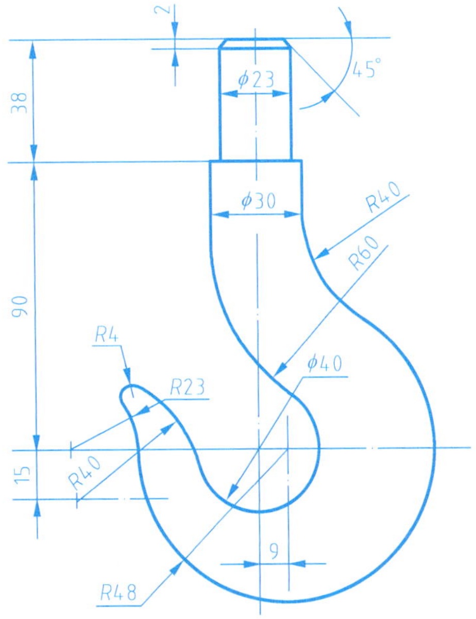

(b)起重钩

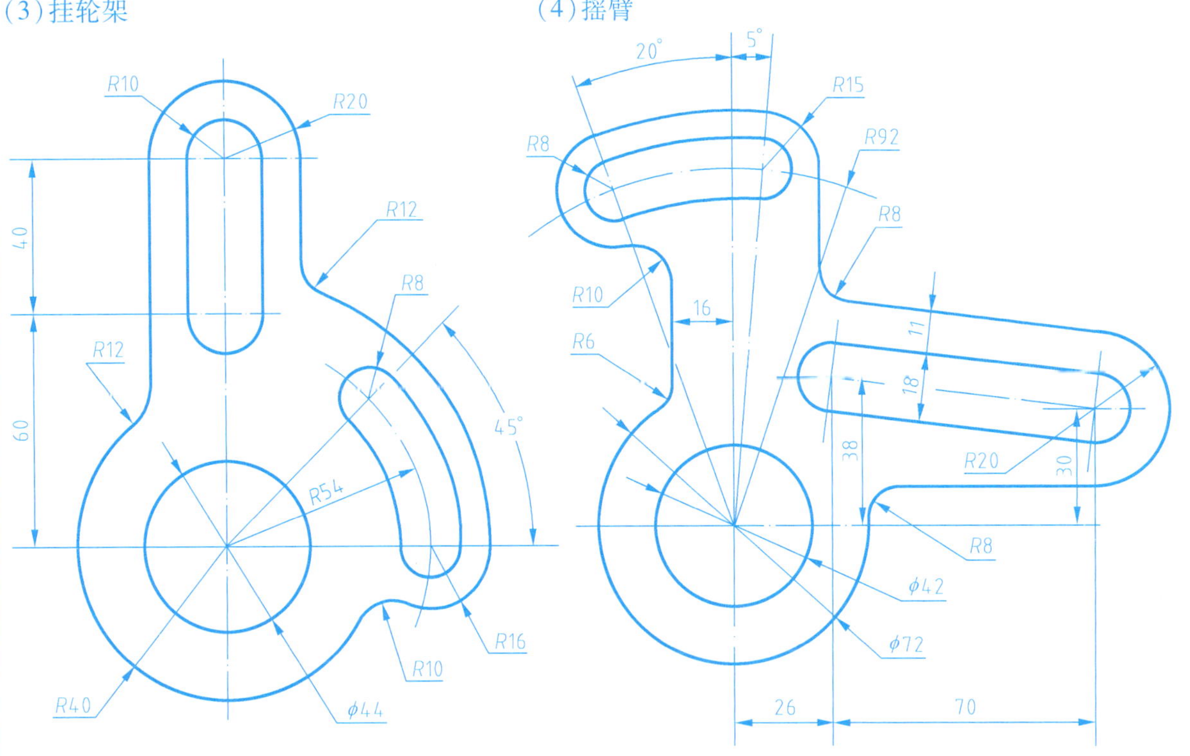

第一次作业指示——基本练习

1. 目的、内容与要求

①目的、内容:初步掌握技术制图与机械制图国家标准的有关内容,学会绘图仪器和工具的使用方法。抄画:(1)线型(不注尺寸);(2)零件轮廓,任选一个图形,并标注尺寸。

②要求:图形正确,布置合理,线型合格,字体工整,尺寸完整,符合国家标准,连接光滑,图面整洁。

2. 图名、图幅、比例

①图名:基本练习。

②图幅:A3 图纸。

③比例:1:1。

3. 绘图步骤及注意事项

①绘图前应对所画图形仔细分析研究以确定正确的作图步骤,特别要注意零件轮廓线上圆弧连接的各切点及圆心位置必须正确作出,在图面布置时,还应考虑预留标注尺寸的位置。

②线型:粗实线粗度为 0.7～0.9 mm,虚线及细实线宽度约为粗实线宽度的 1/2,尽量小于 1/2,虚线长度约 4 mm,间隙 1 mm,点画线长 15～20mm,间隙及点共约 3 mm。

③字体:图中汉字均写长仿宋体并须按指定的字体大小先打格后写字;标题栏内图名及图号写 10 号字,校名写 7 号字;班级写在校名下方,姓名写在“制图”栏内,都用 5 号字。图中尺寸数字定为 3.5 号字,写字前应先画两条平行细实线,以保证尺寸数字高度一致。

④箭头:底宽 0.7～0.9 mm,长约为宽的 6 倍。

⑤完成底稿后,经仔细校核方可加深;用铅笔加深或上墨,由教师指定,若用铅笔加深,则圆规的铅芯应比画直线的铅笔软一号。

3-3　图线、尺寸标注。

(1)在指定位置处,照样画出并补全各种图线和图形。

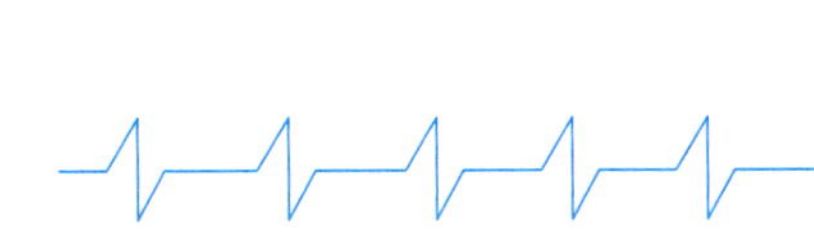

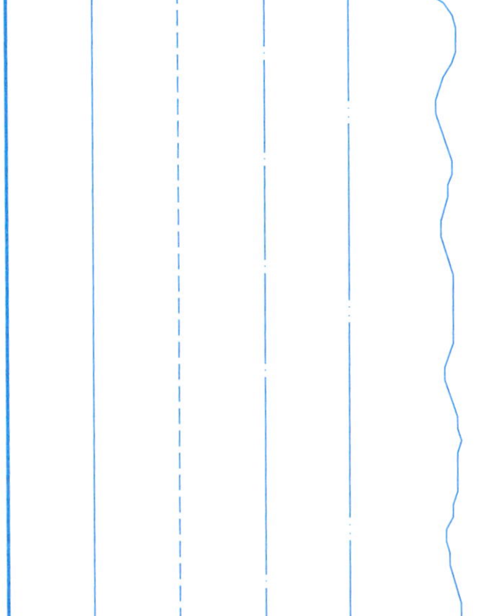

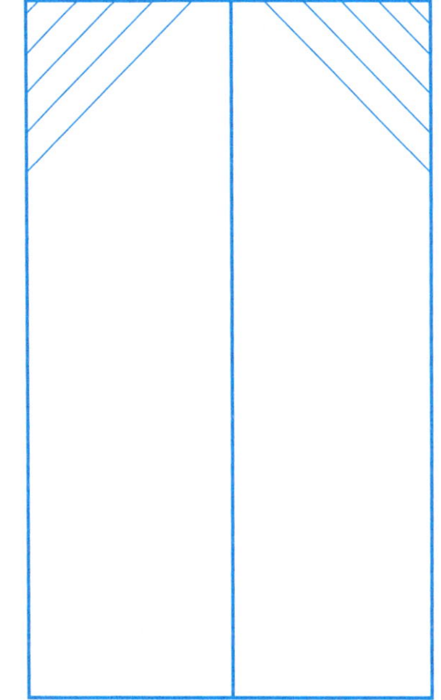

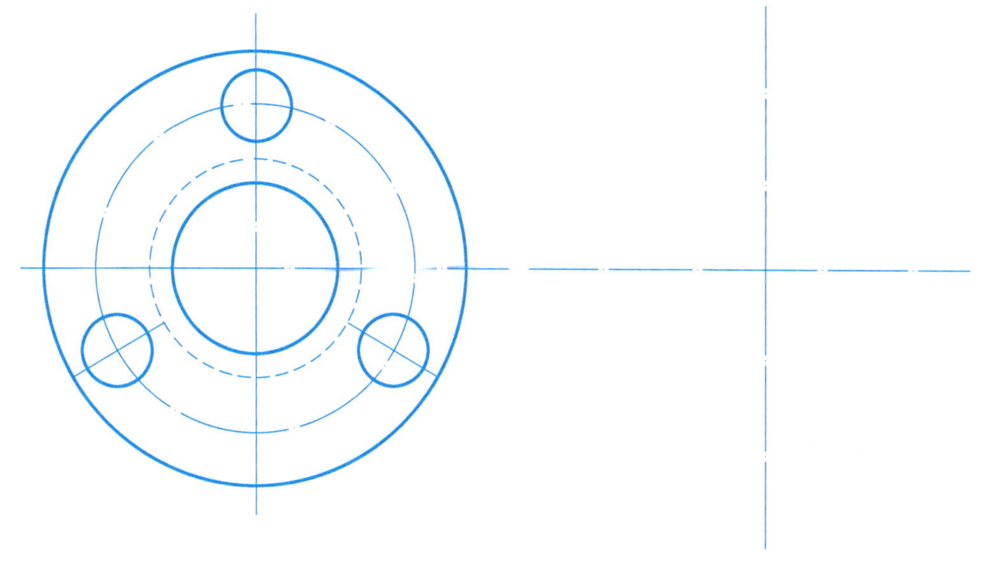

(2)标注尺寸:在给定的尺寸线上画出箭头,填写尺寸数字或角度数字(数值按 1:1 从图中量取整数)。

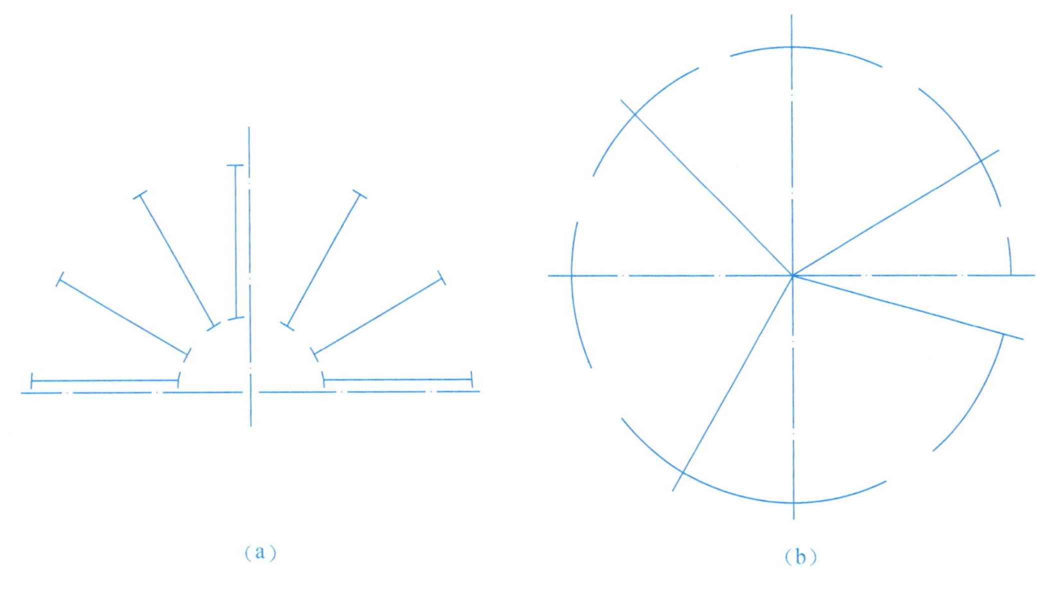

(a)　　(b)

(3)在下列图形中标注箭头和尺寸数值(尺寸从图中直接量取整数)。

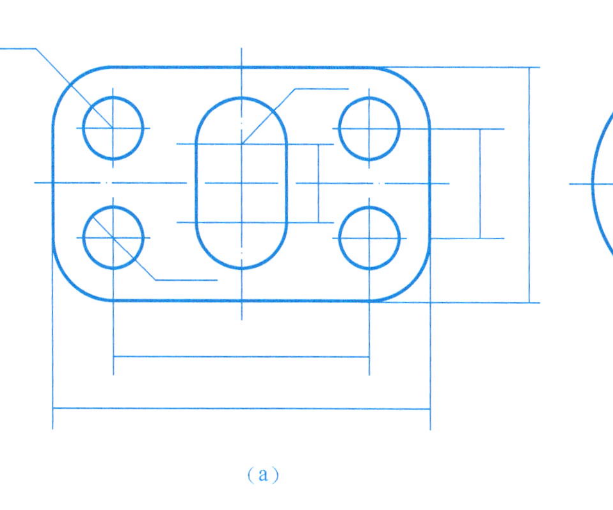

(a)

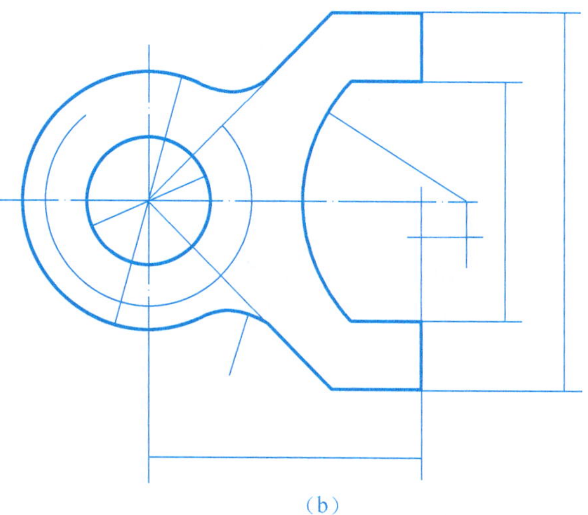

(b)

3-4　几何作图。

(1)参照下图所示图形，用 1:2 在指定位置处画全图形的轮廓，并标注尺寸。

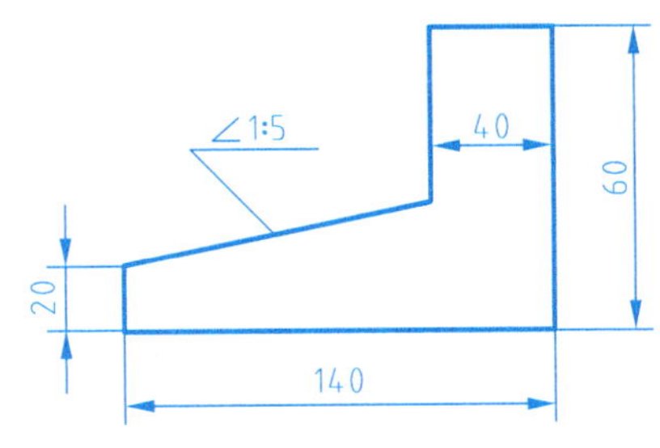

(2)参照下图所示图形，用 1:1 的比例在指定位置处画全图形的轮廓，并标注尺寸。

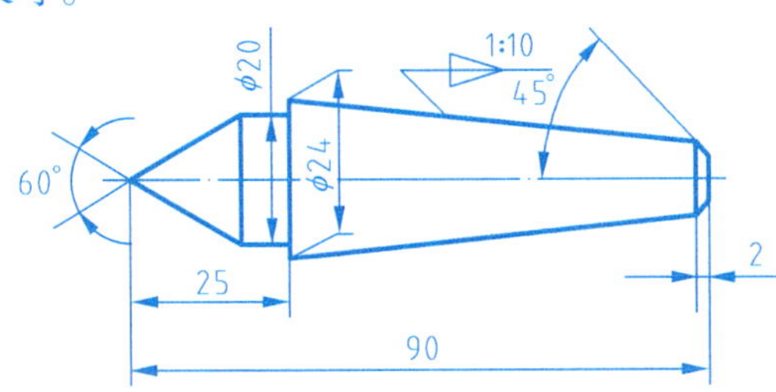

(3)已知椭圆长轴为 70 mm，短轴为 50 mm，用四心圆弧法按 1:1 的比例画出该椭圆。

(4)按下列图形中的尺寸，画全图形的轮廓，不标注尺寸。

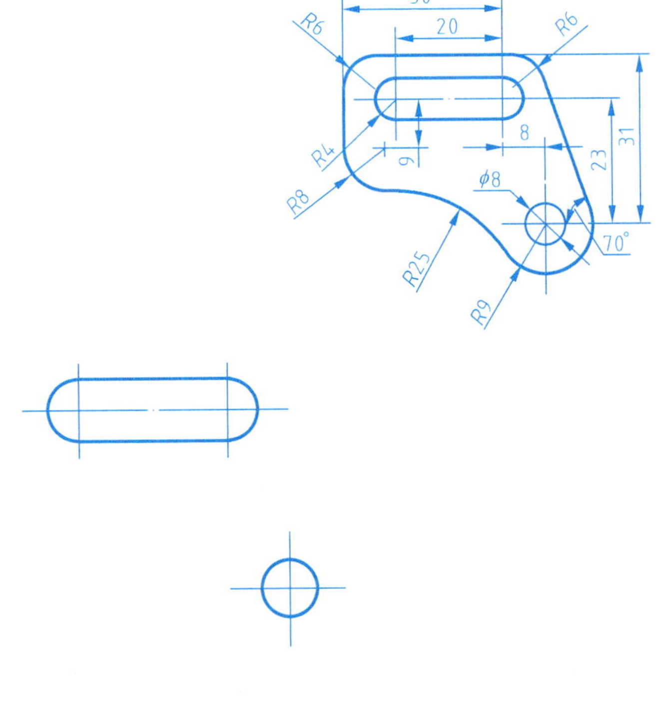

(5)参照左方所示图形，用 1:1 在指定位置处画全图形轮廓。

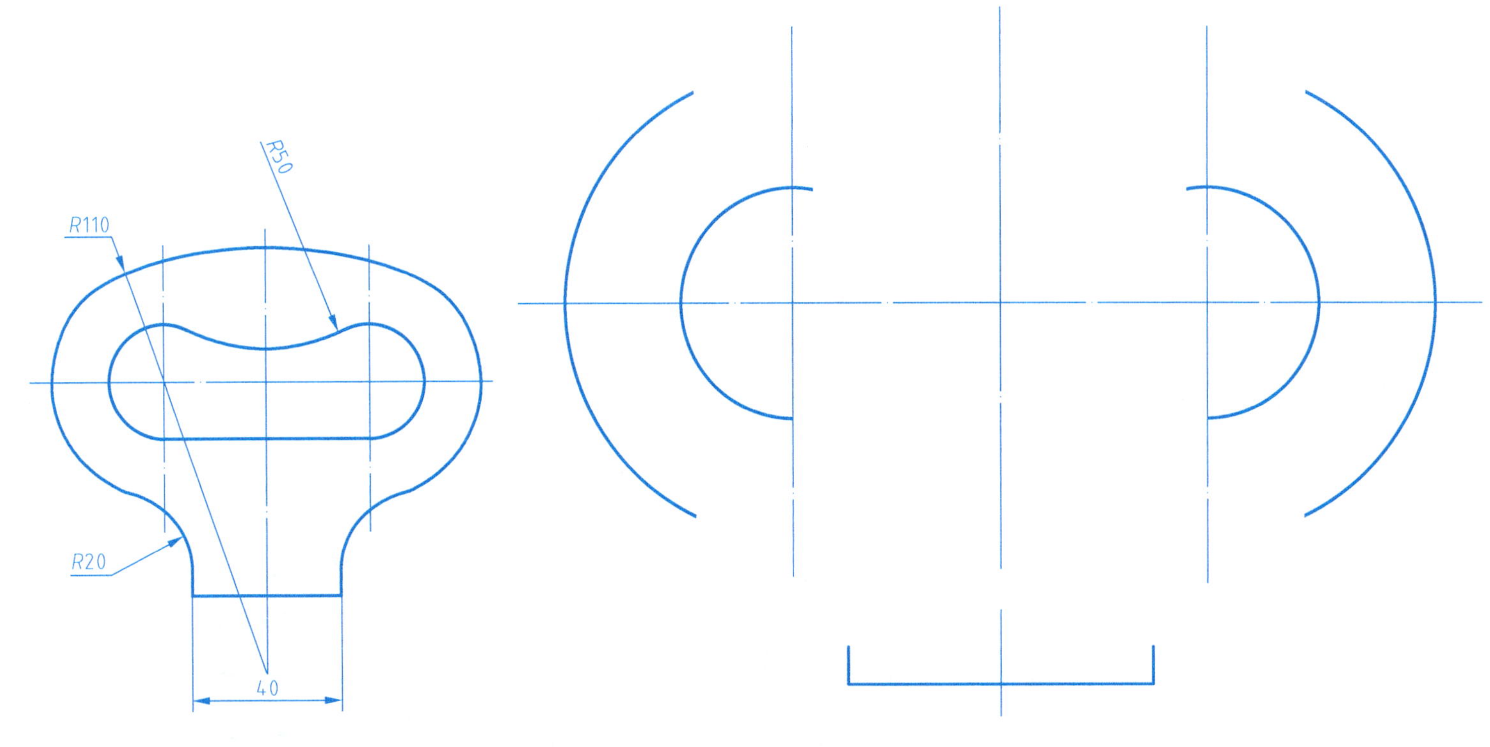

3-5　徒手及用绘图软件绘制平面图形(不标注尺寸)。

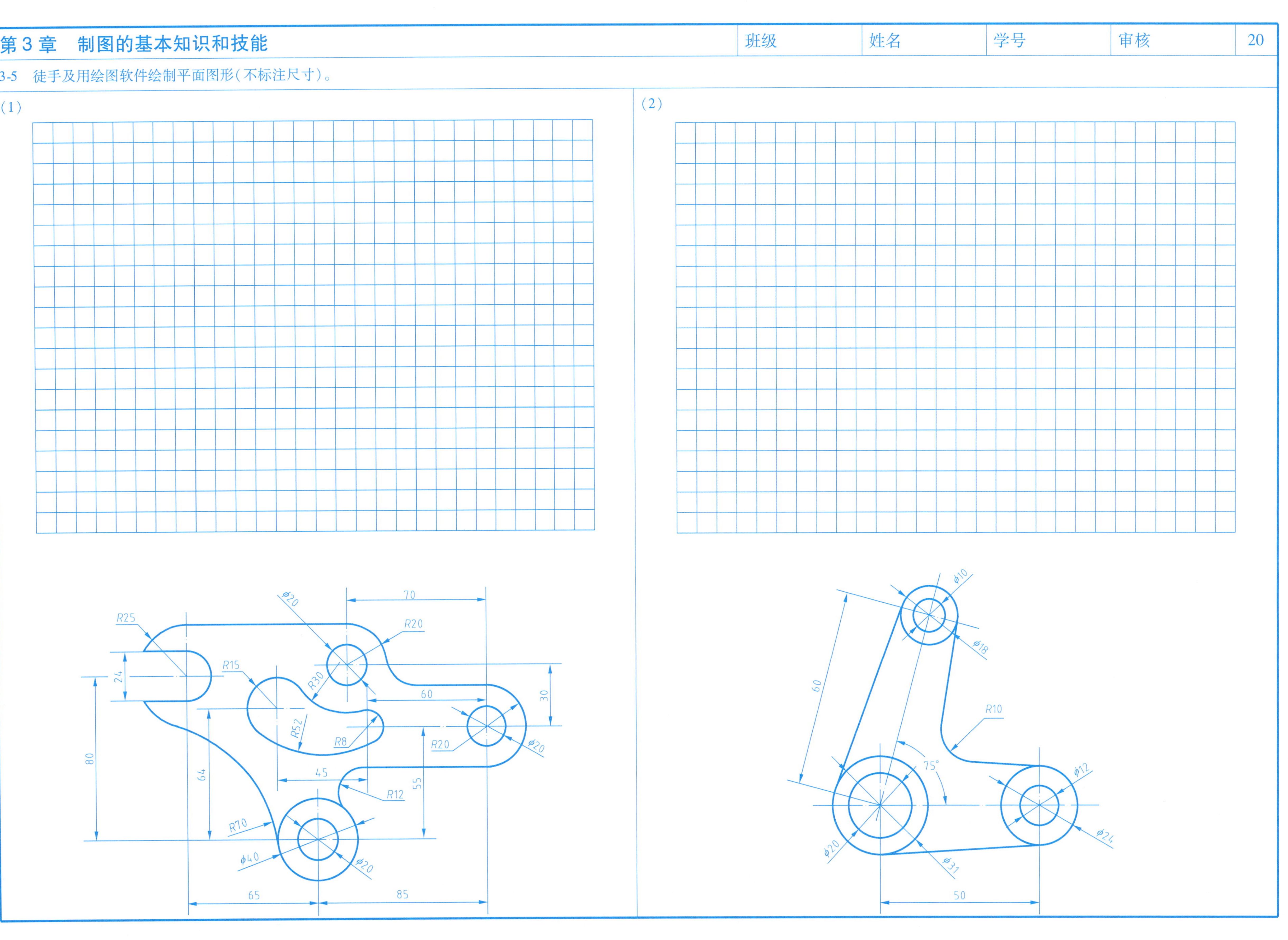

4-1　看懂三视图,在括号内填上与之对应的立体图序号。

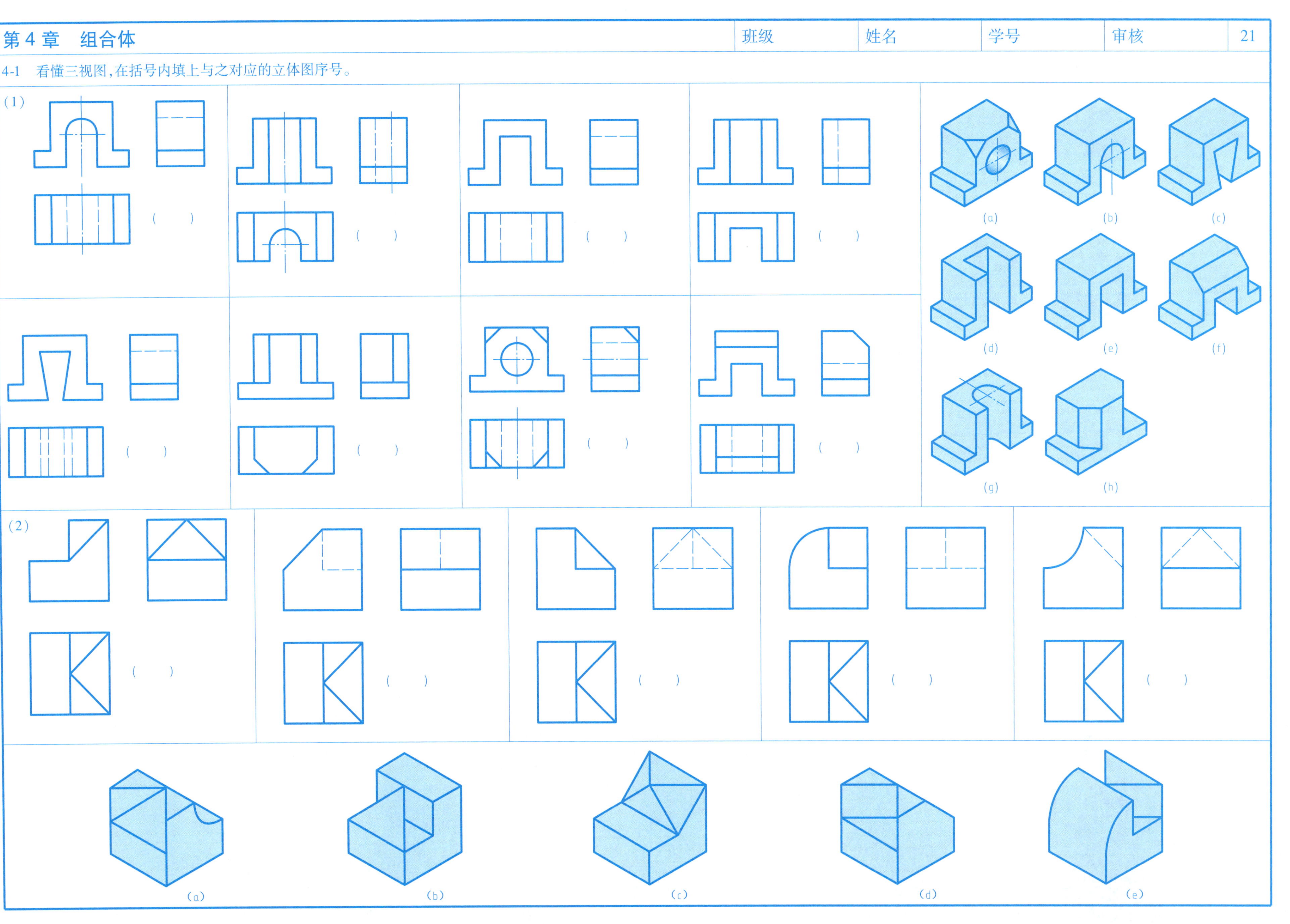

4-2　根据所给的立体图，画出其三视图（尺寸直接从立体图中量取，图中所有孔是通孔，槽也为通槽）。

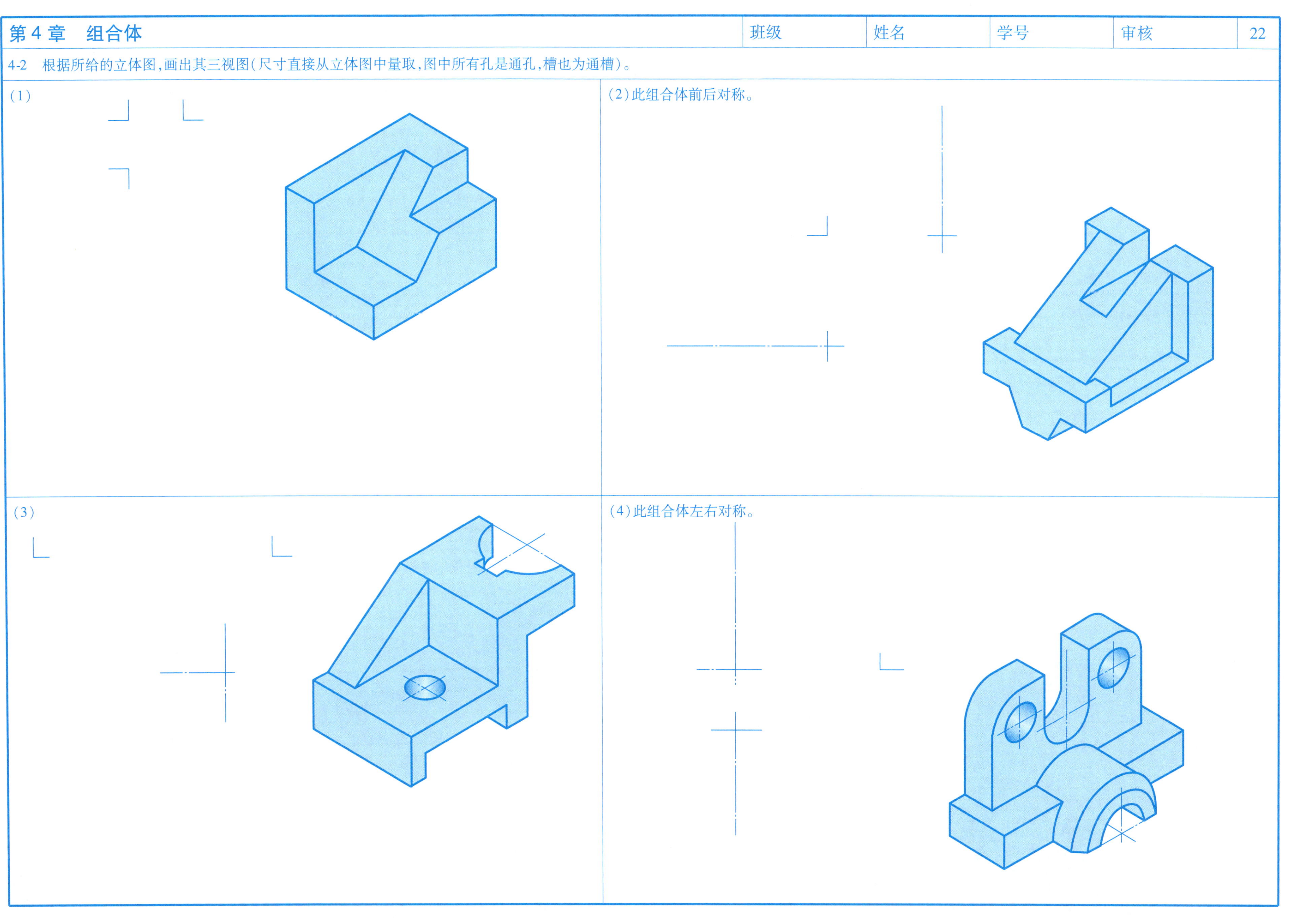

4-3　根据所给的立体图，补全视图中的漏线(图中孔和槽均是贯通的)。

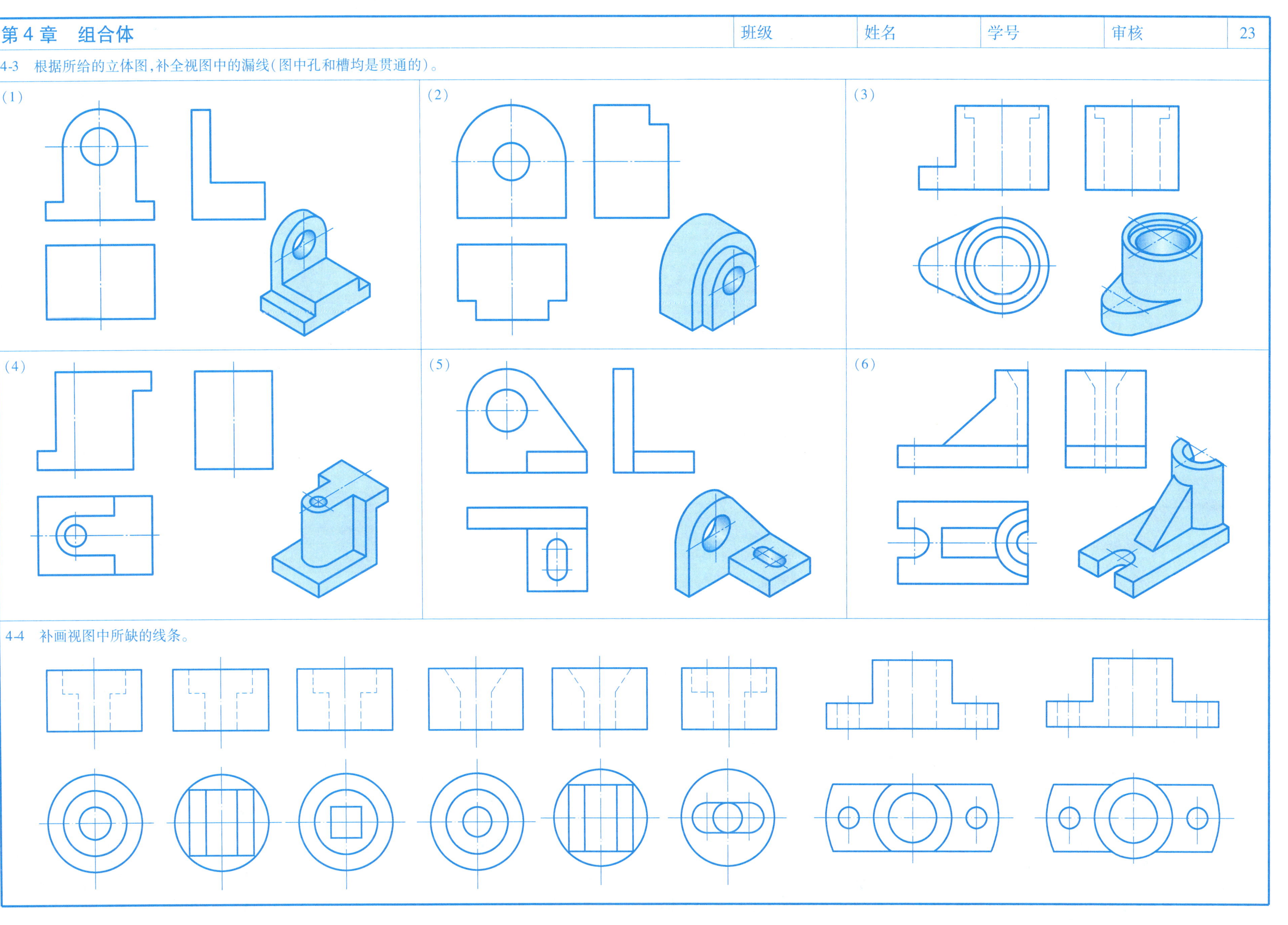

4-4　补画视图中所缺的线条。

4-5　补全视图中所缺的图线，并进行三维建模。

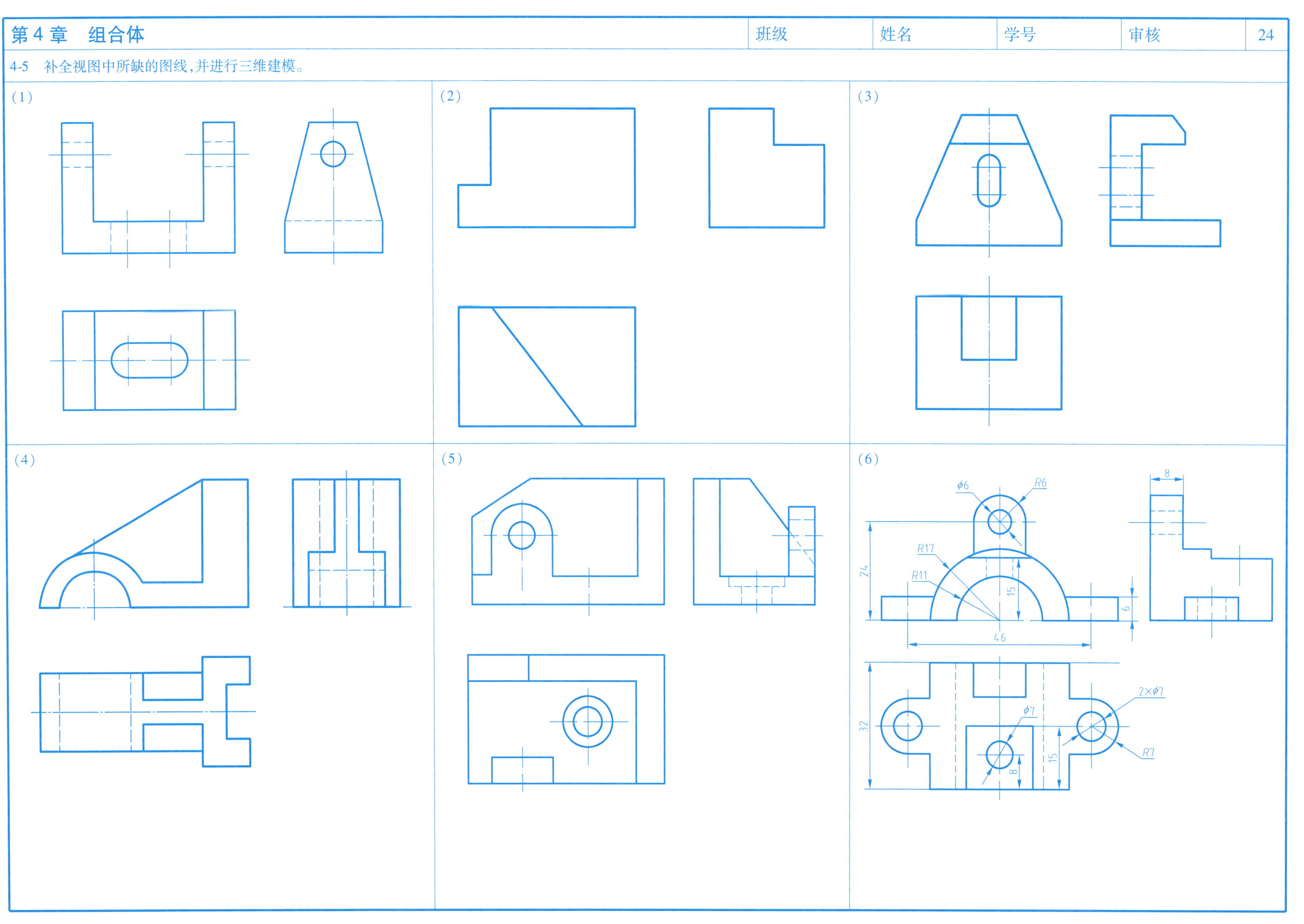

4-6　补画视图中所缺的线条，并进行三维建模。

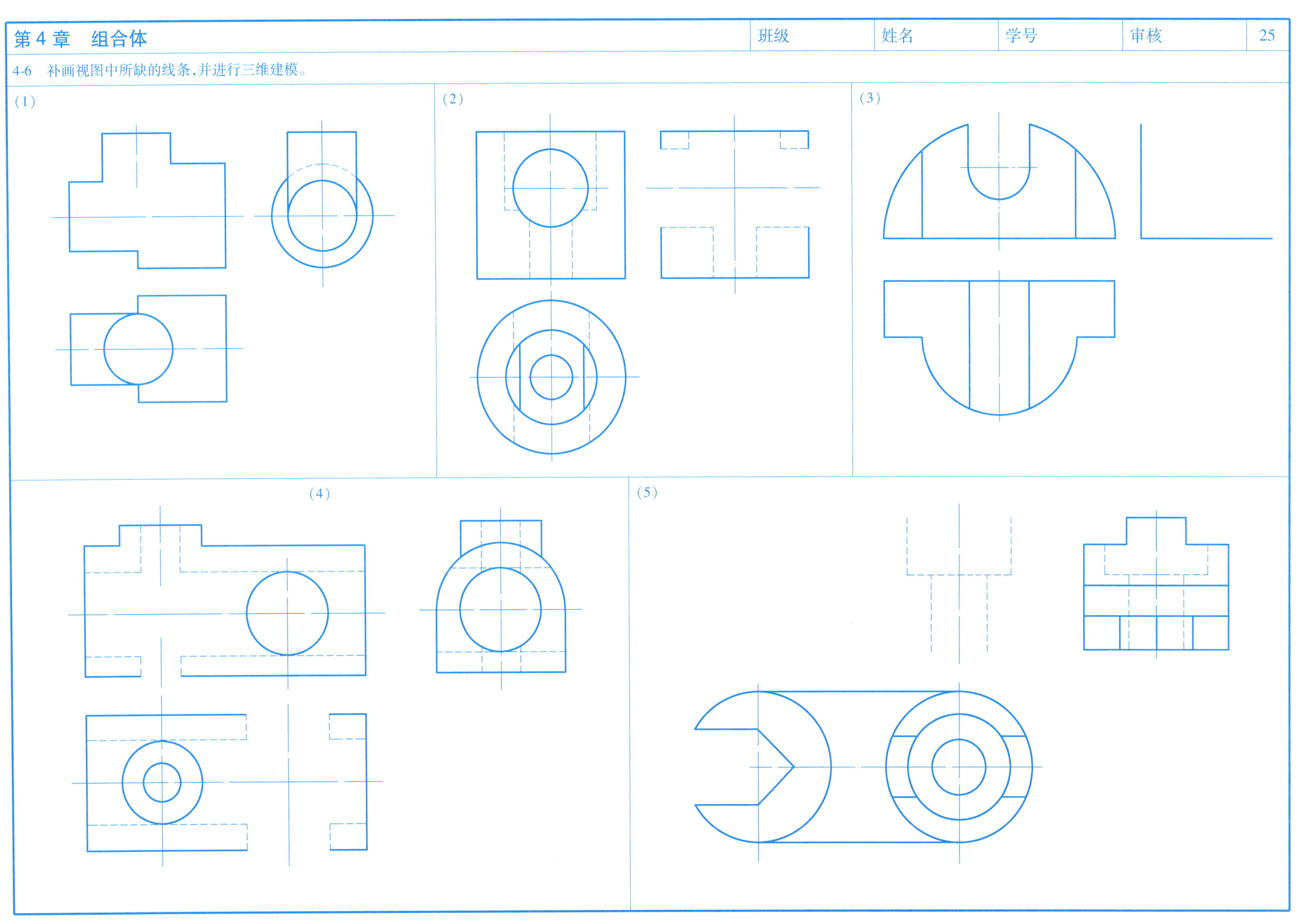

4-7　根据立体图补画第三视图。

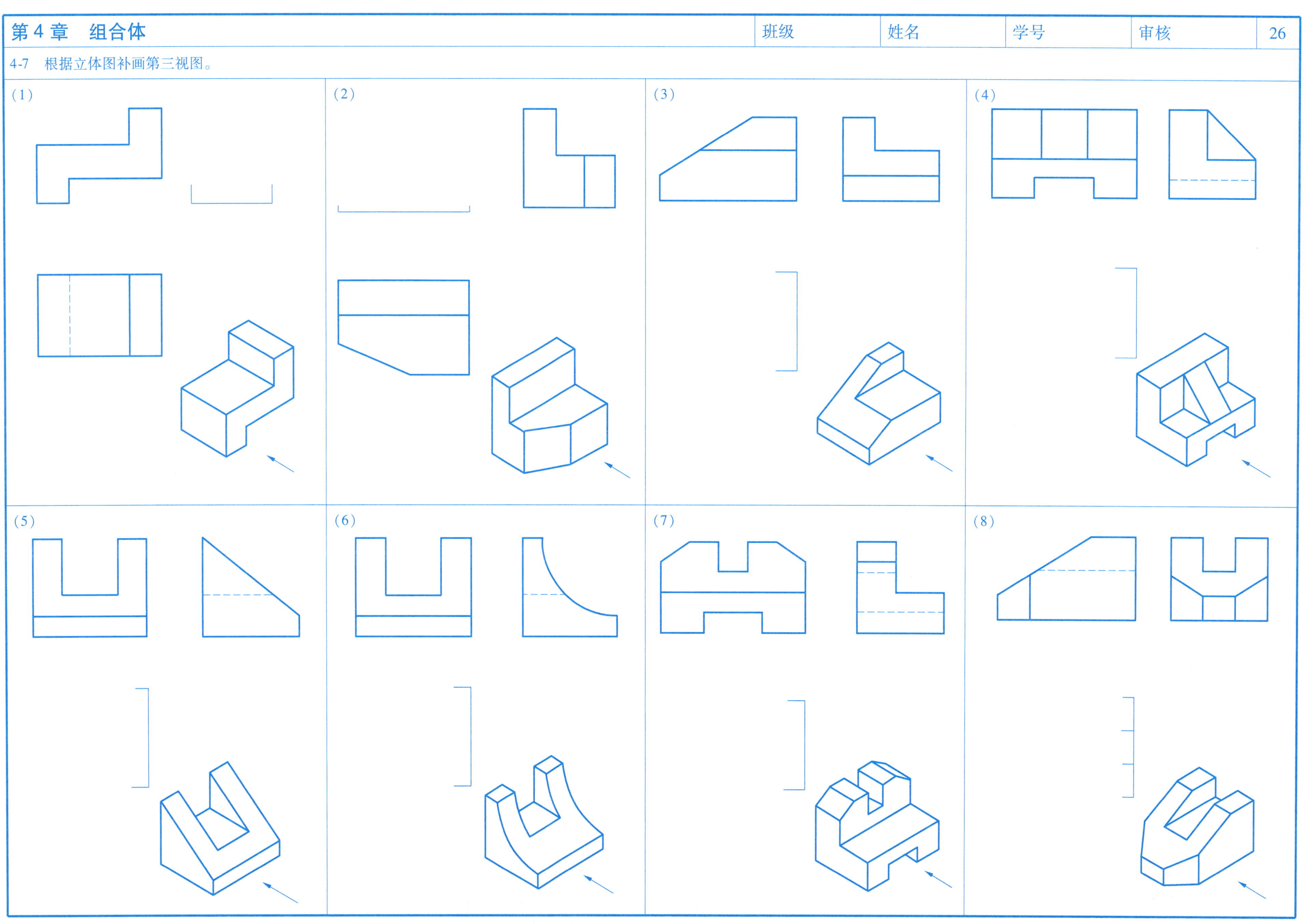

4-8 由已知的两视图补画第三视图，并对(2)、(3)、(4)题用三维软件建模。

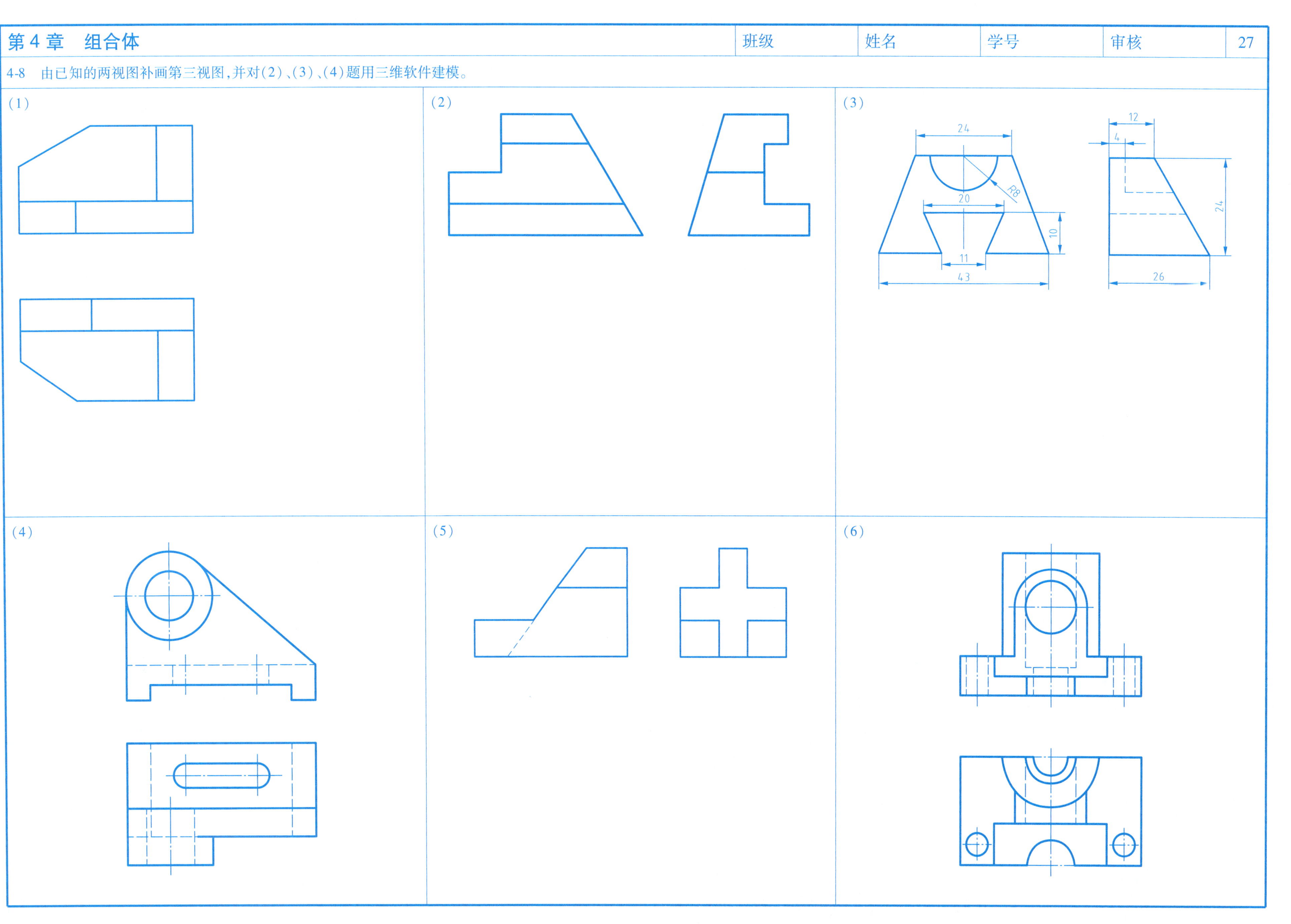

4-9　由已知的两视图补画第三视图，并对(1)、(4)两题用三维软件建模。

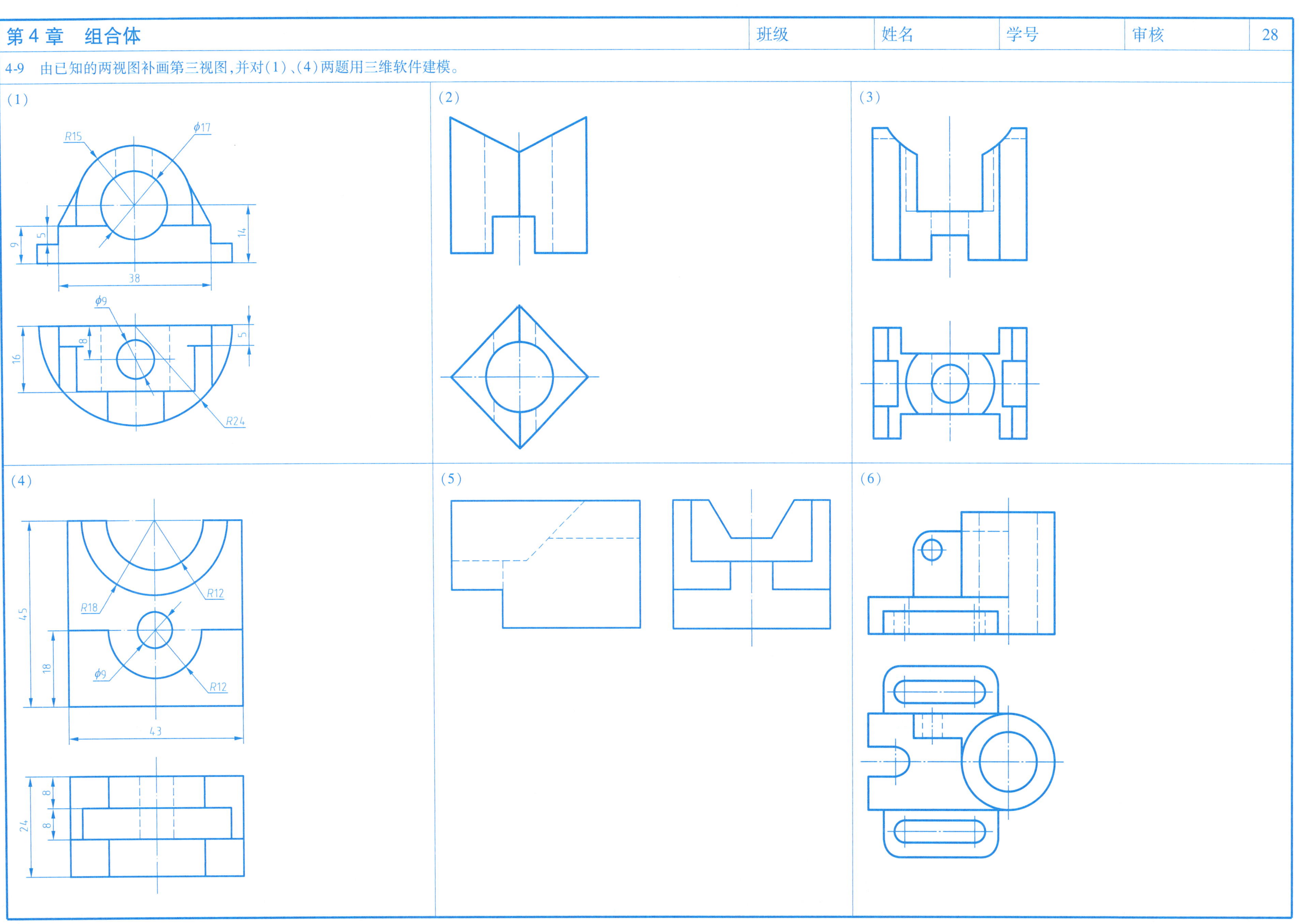

4-10　由已知的两视图补画第三视图，并进行三维建模。

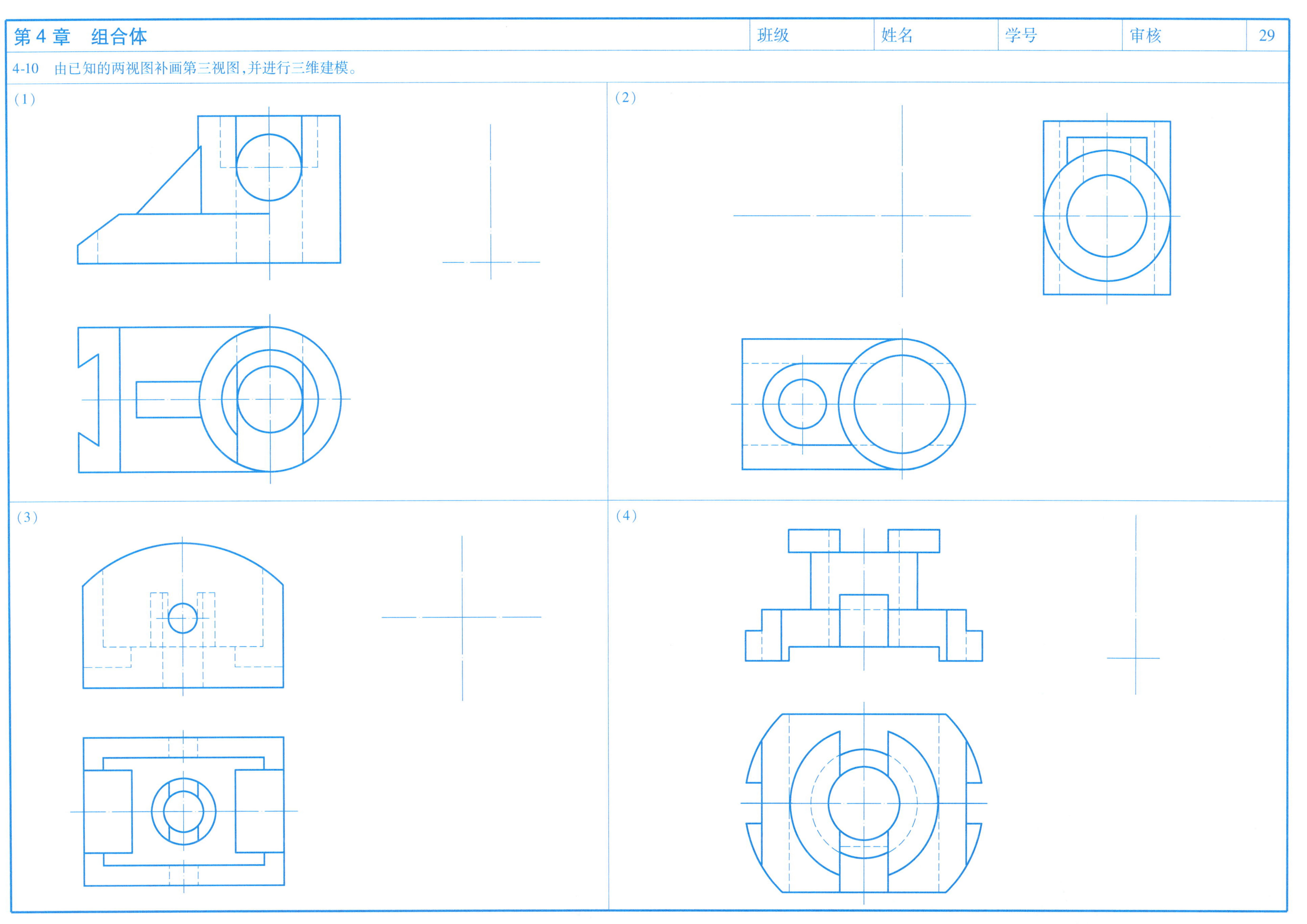

4-11　标注组合体的尺寸（尺寸数值由图中量取，并取整数），并用绘图软件画出组合体视图并标注尺寸。

4-12　补画组合体视图中所缺少的尺寸（尺寸数值在图中量取，并取整数），并用绘图软件画出组合体视图并标注尺寸。

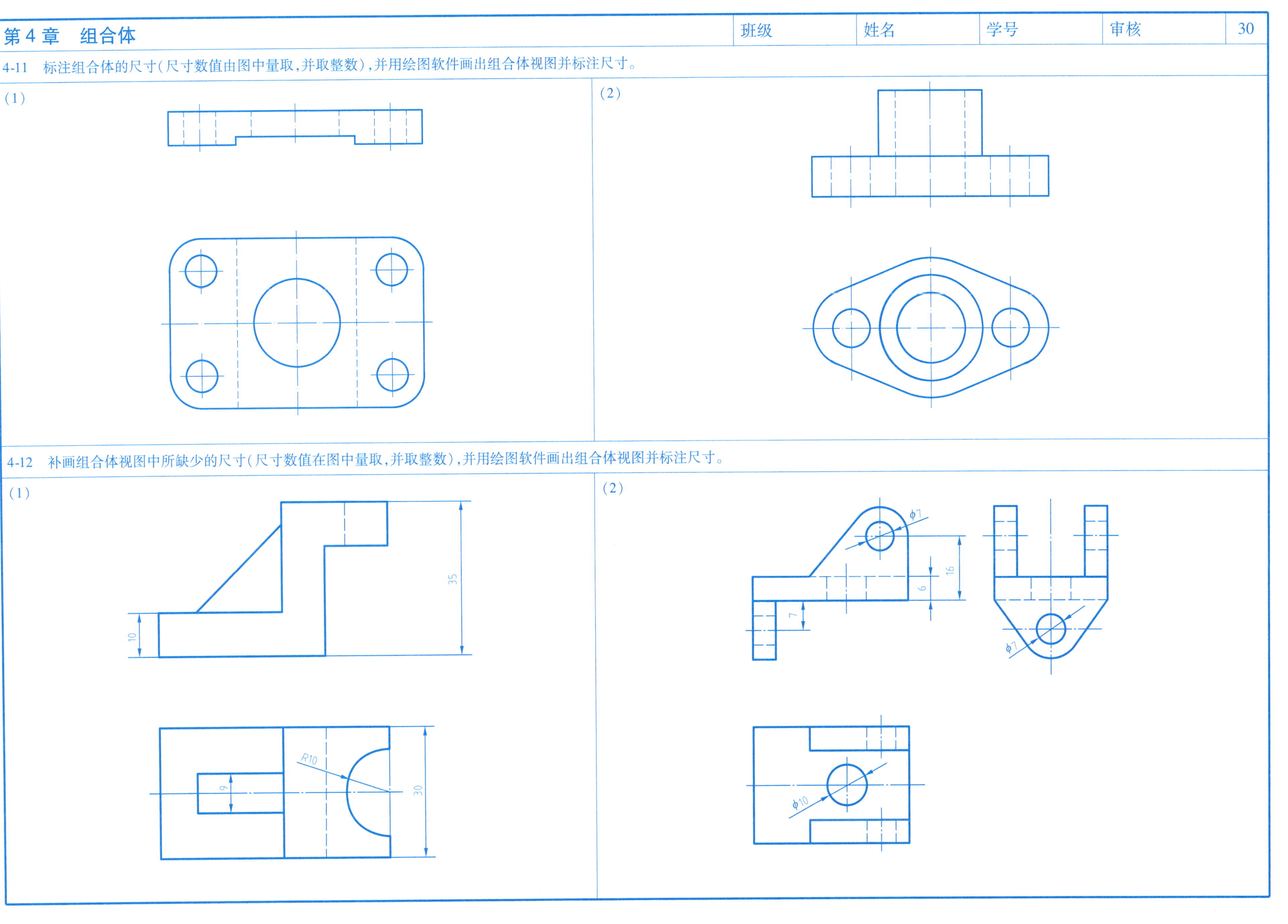

4-13　根据轴测图在 A3 图纸上用 1:1 的比例画出组合体三视图，并标注尺寸；三维建模并生成三视图。

(1)

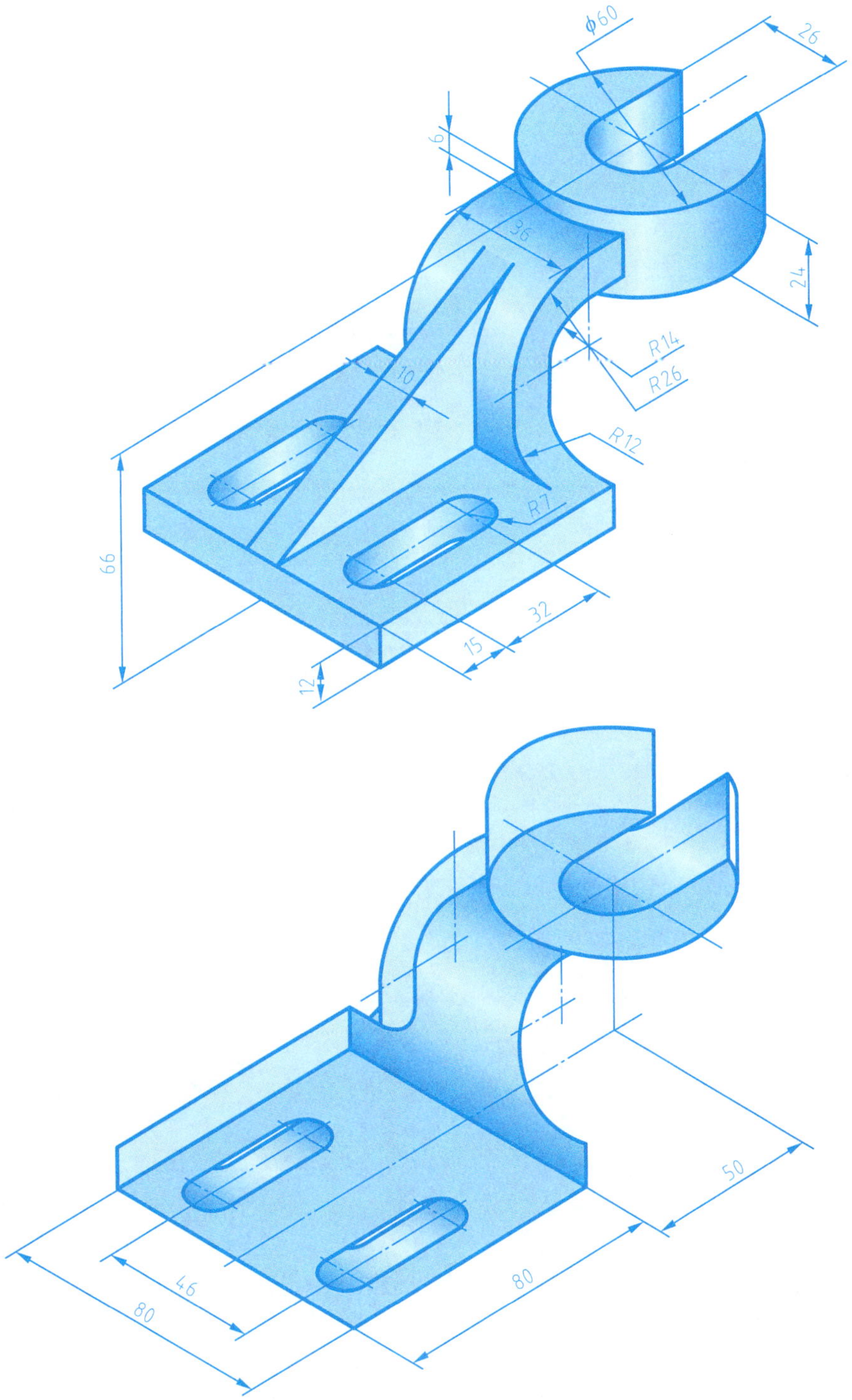

(2)

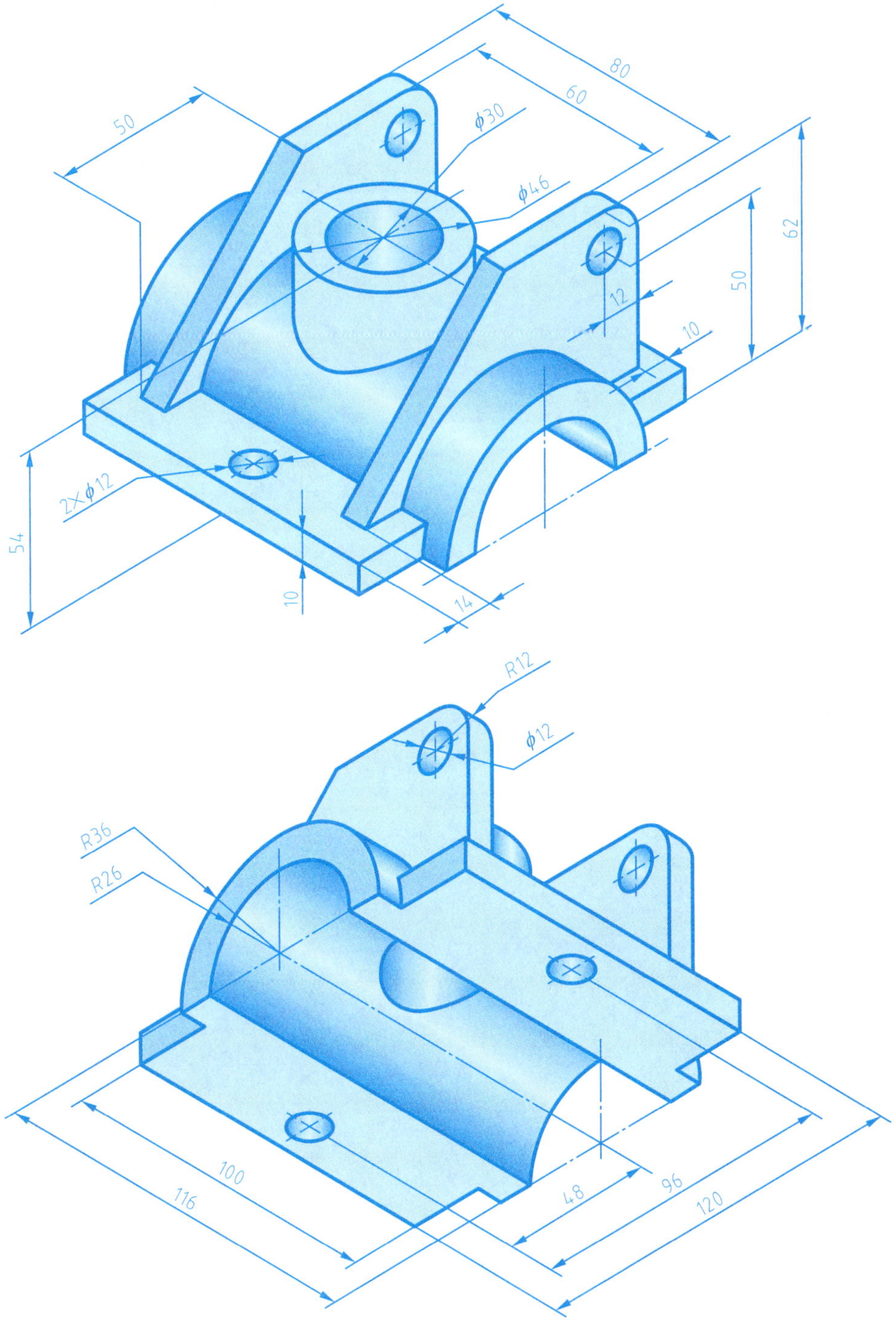

5-1　分析已知视图、补画第三视图，并徒手画出正等轴测图(1)~(3)和斜二轴测图(4)~(6)。

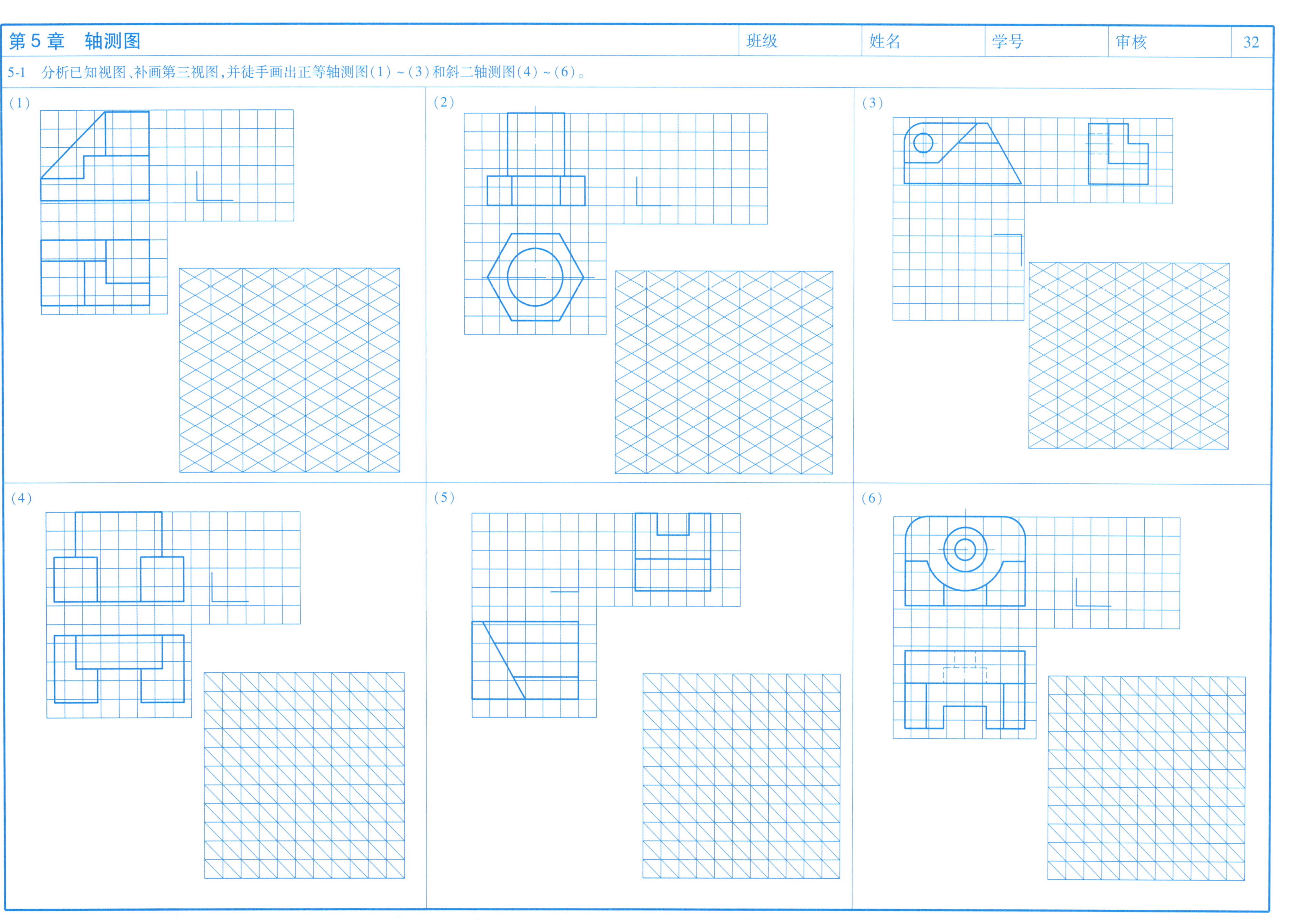

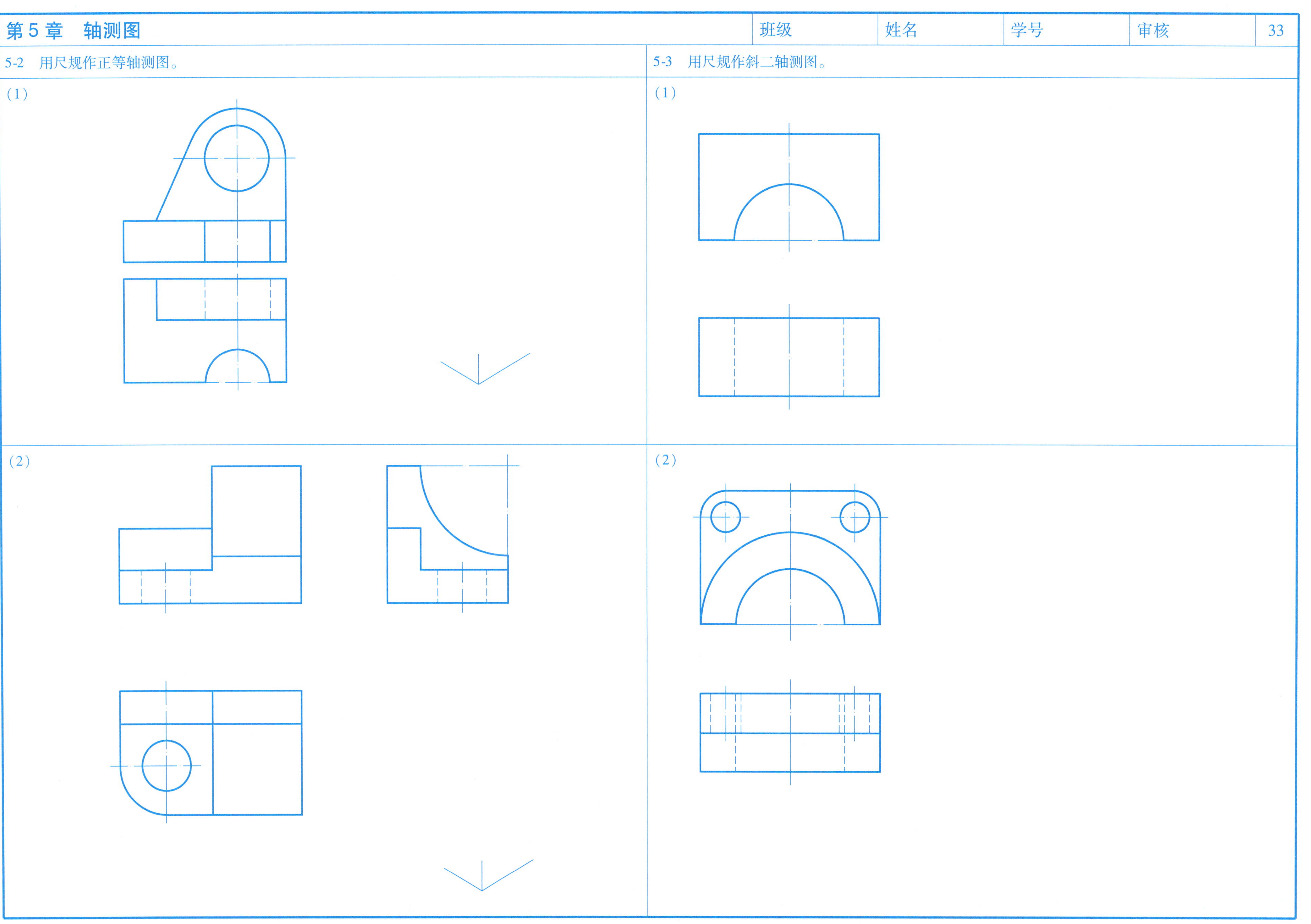

5-2 用尺规作正等轴测图。

(1)

(2)

5-3 用尺规作斜二轴测图。

(1)

(2)

5-4　二维或三维软件绘图练习。

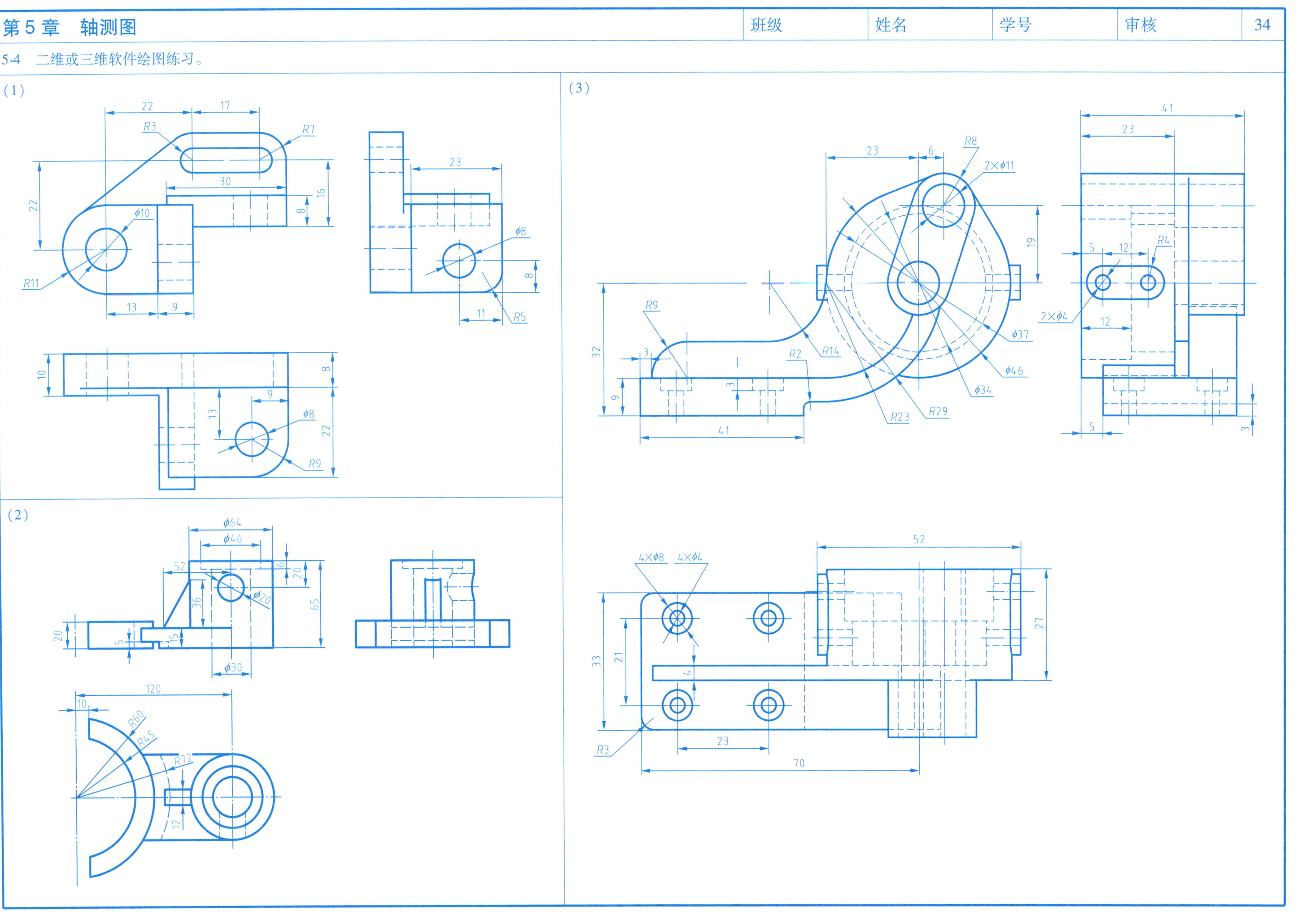

6-1　按要求绘制各类视图,并进行视图标注。

(1)根据所给的三视图,绘制其余三个基本视图。

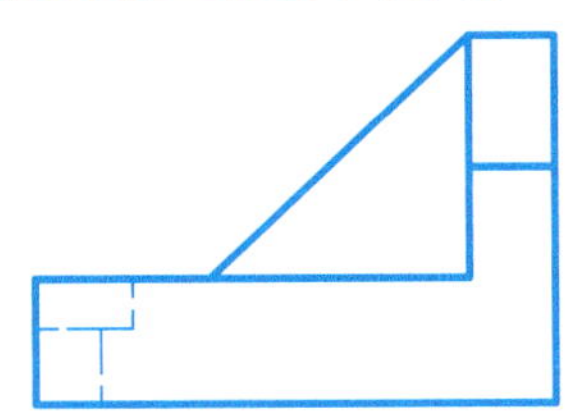
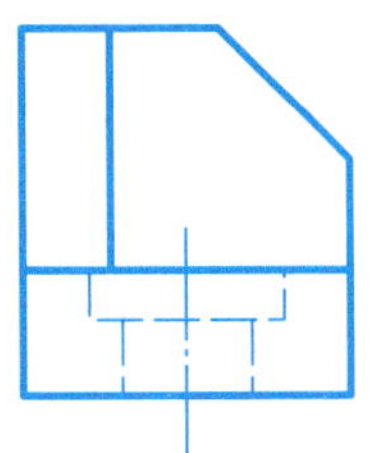
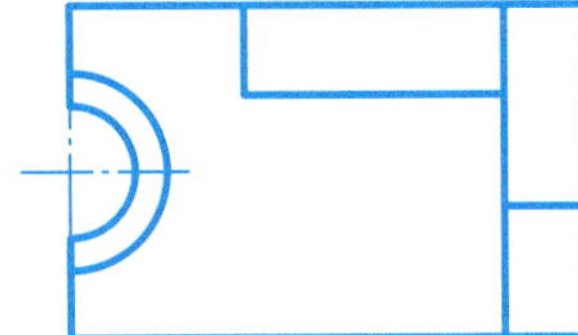

(2)根据所给的三视图,绘制向视图 *A*、向视图 *B* 和向视图 *C*。

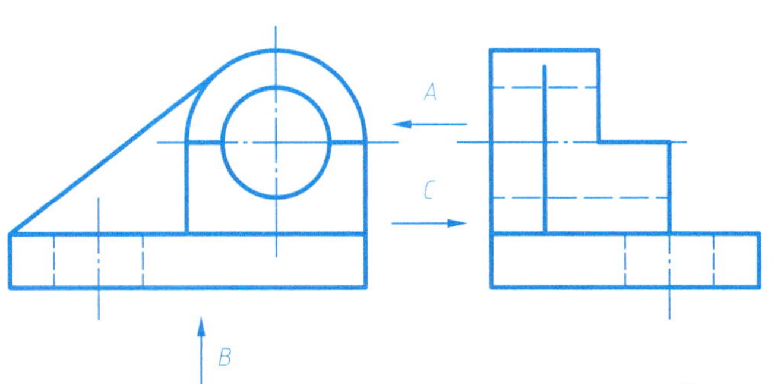

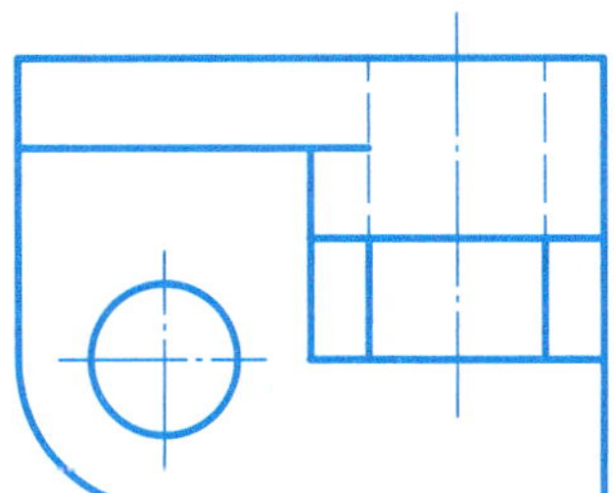

A

B

C

(3)根据所给的三视图,绘制局部视图 *A* 和局部视图 *B*。

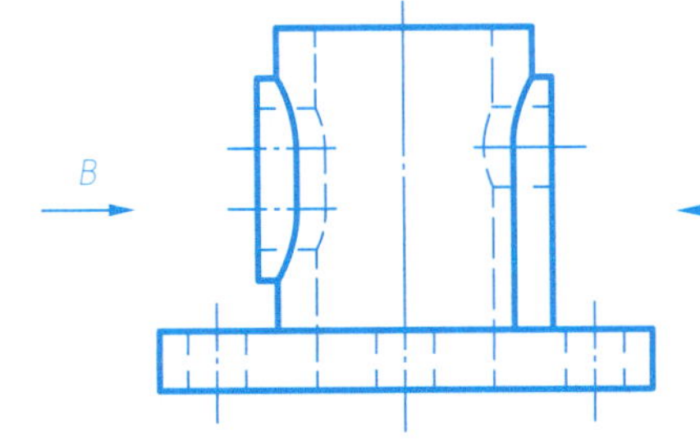

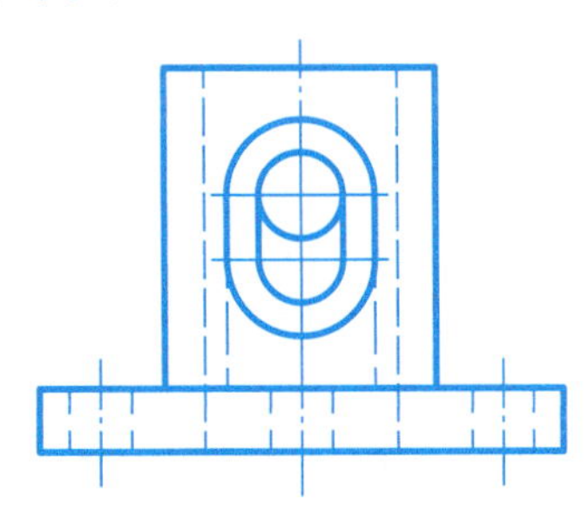
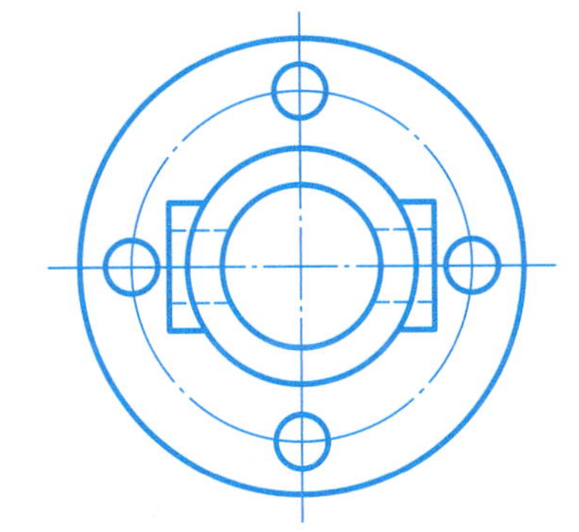

A

B

(4)根据所给的三视图,绘制斜视图 *A* 和局部视图 *B*。

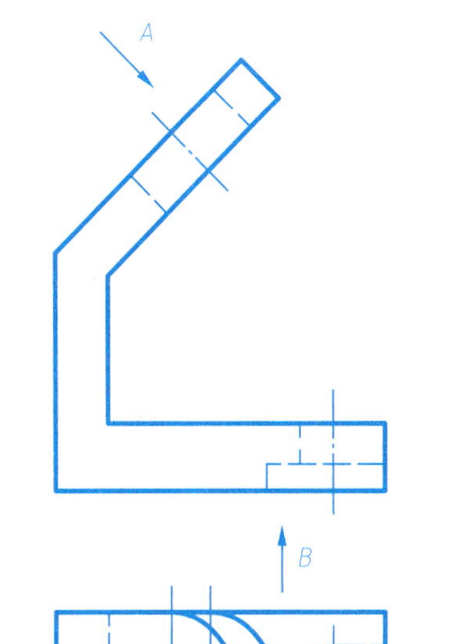

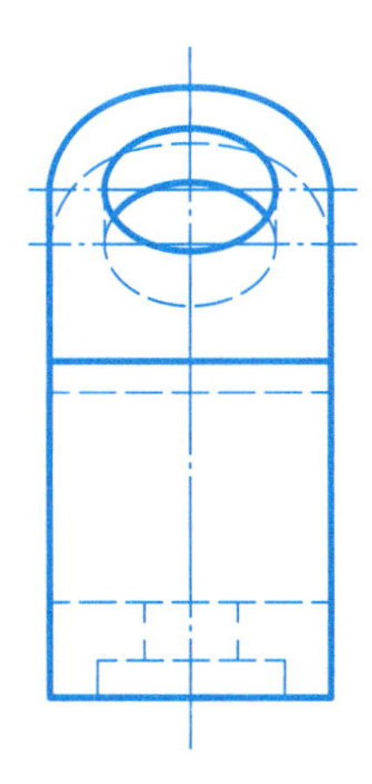

A

B

6-2　作剖视图。

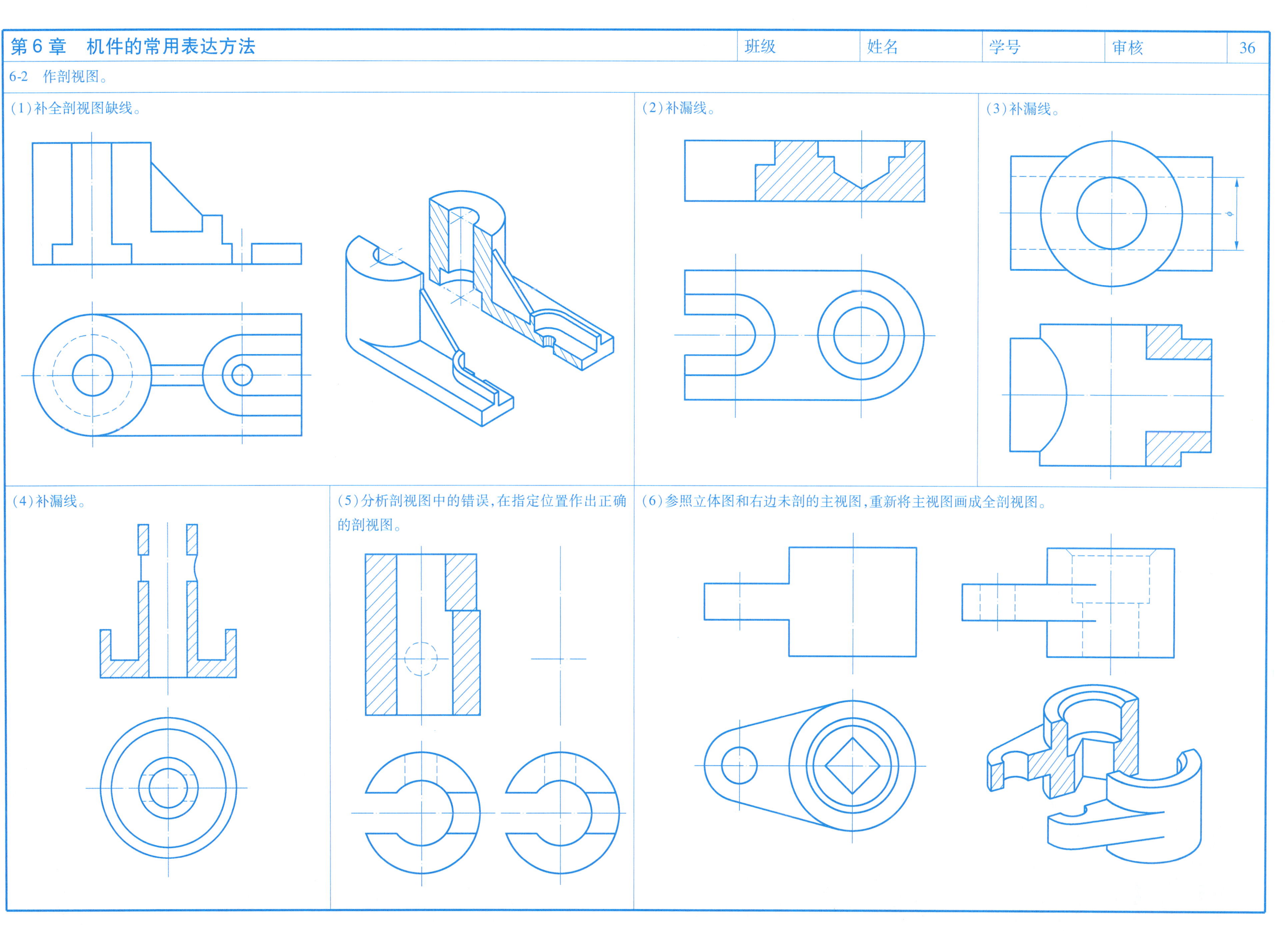
(1)补全剖视图缺线。
(2)补漏线。
(3)补漏线。
(4)补漏线。
(5)分析剖视图中的错误,在指定位置作出正确的剖视图。
(6)参照立体图和右边未剖的主视图,重新将主视图画成全剖视图。

6-3　作全剖视图，第（2）题用三维软件建模并生成全剖视图。

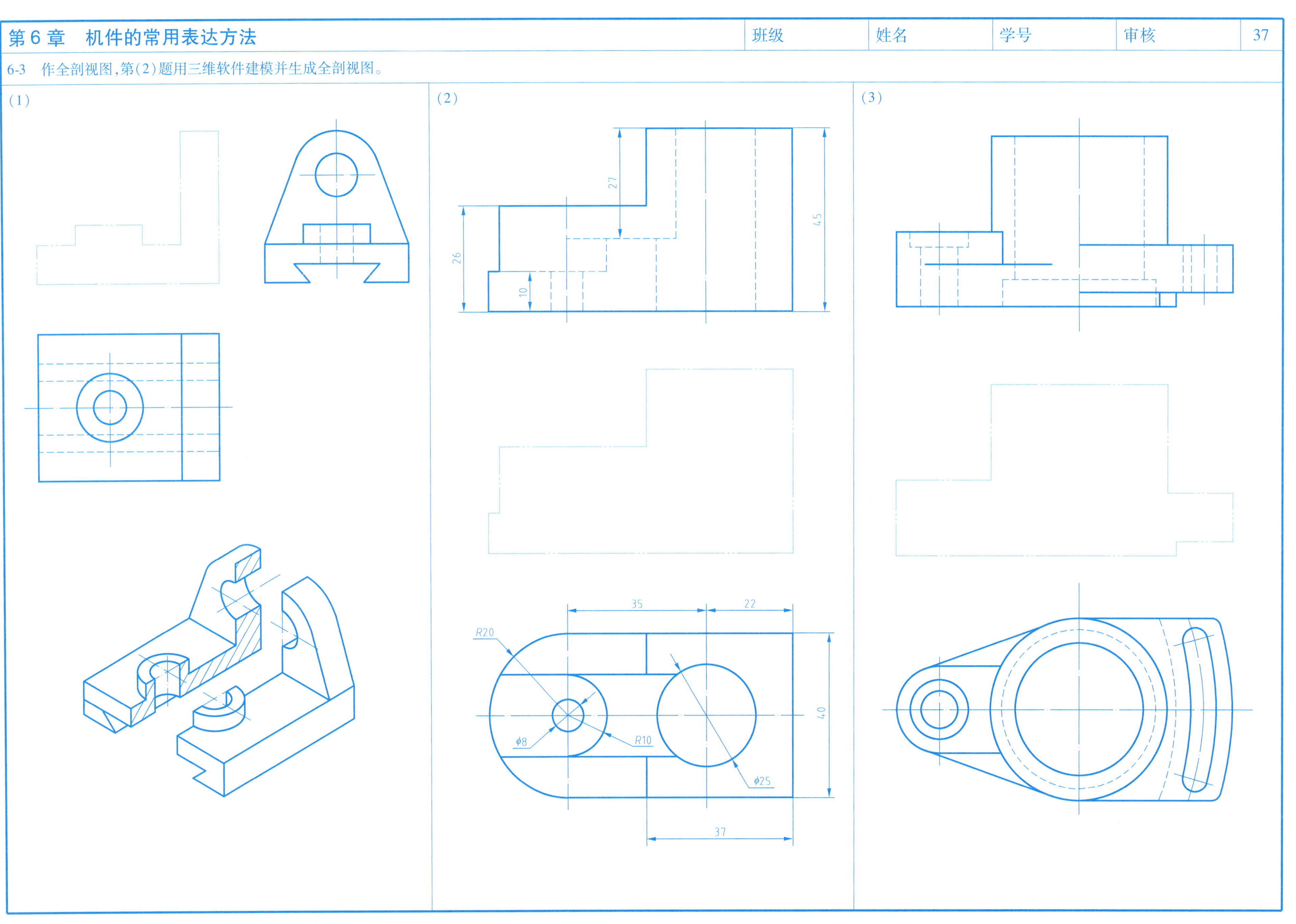

6-4　作半剖视图，第(2)题用三维建模并生成半剖视图。

(1)

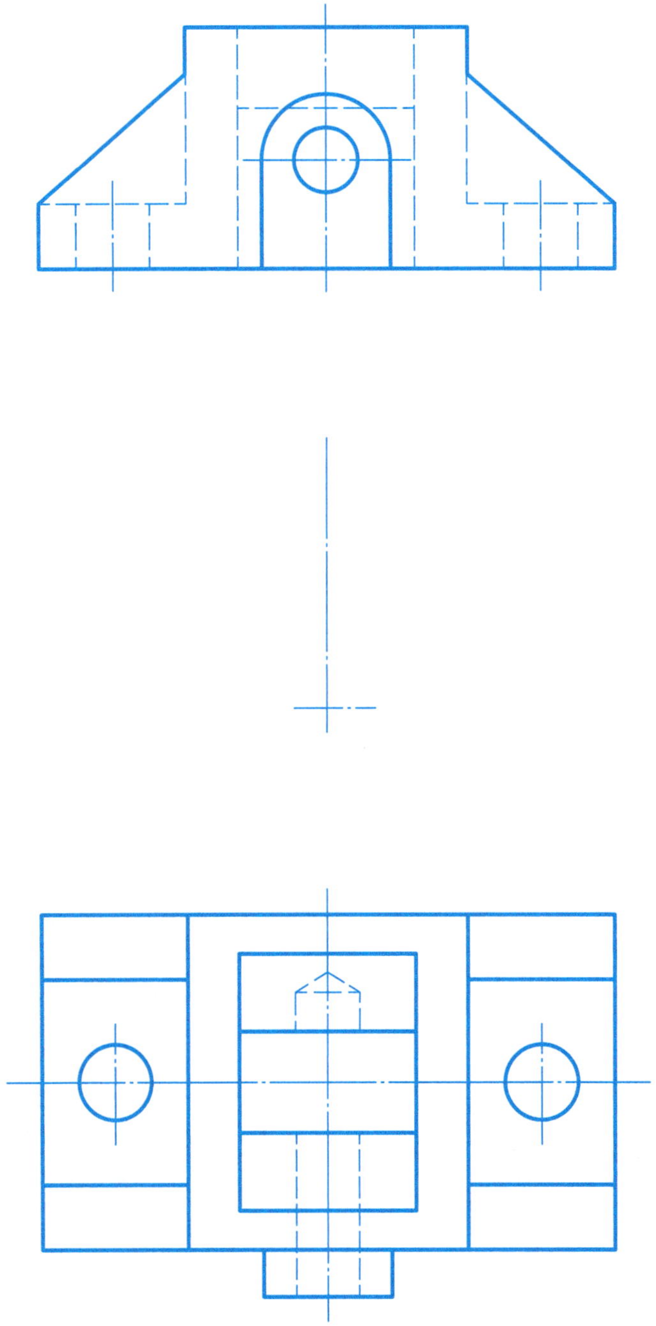

(2)

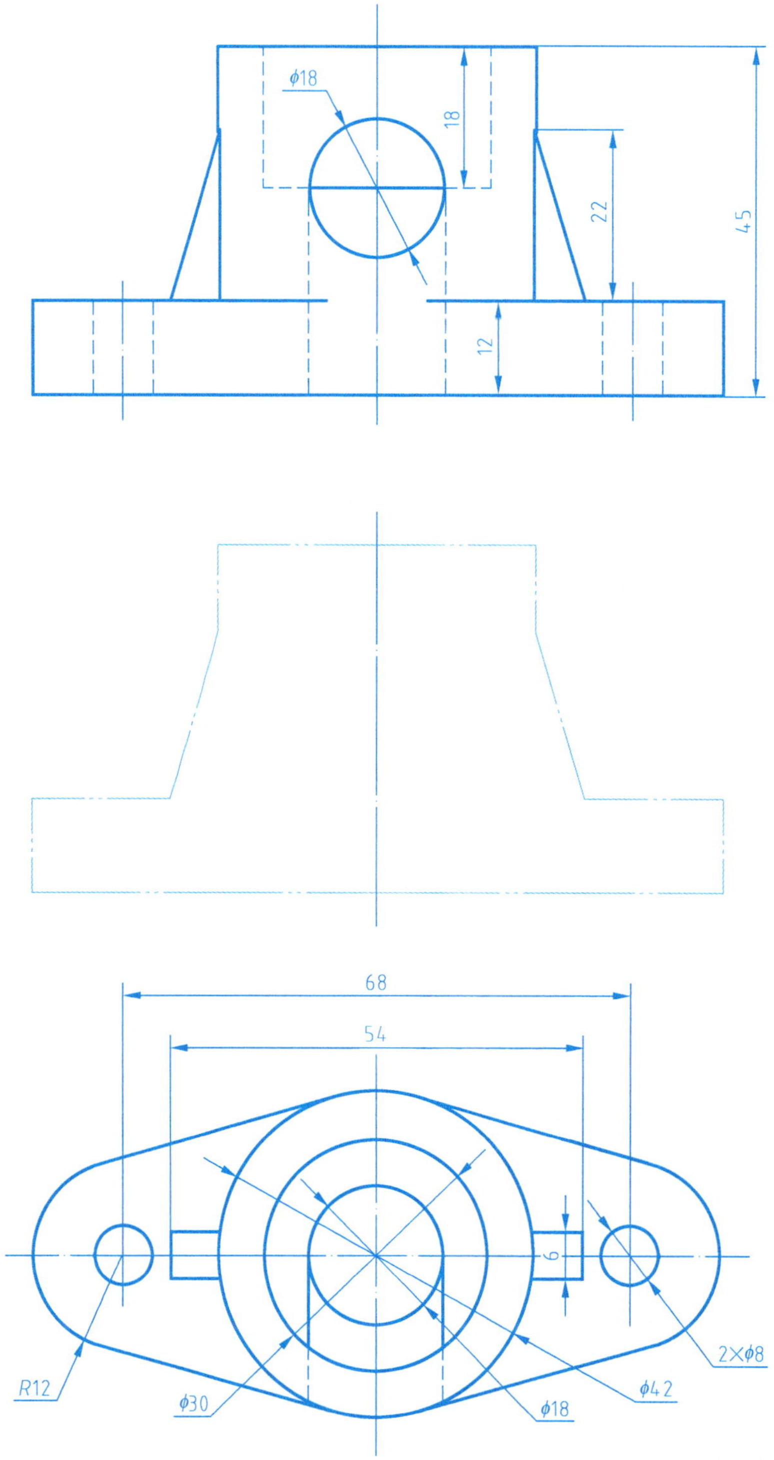

(3)

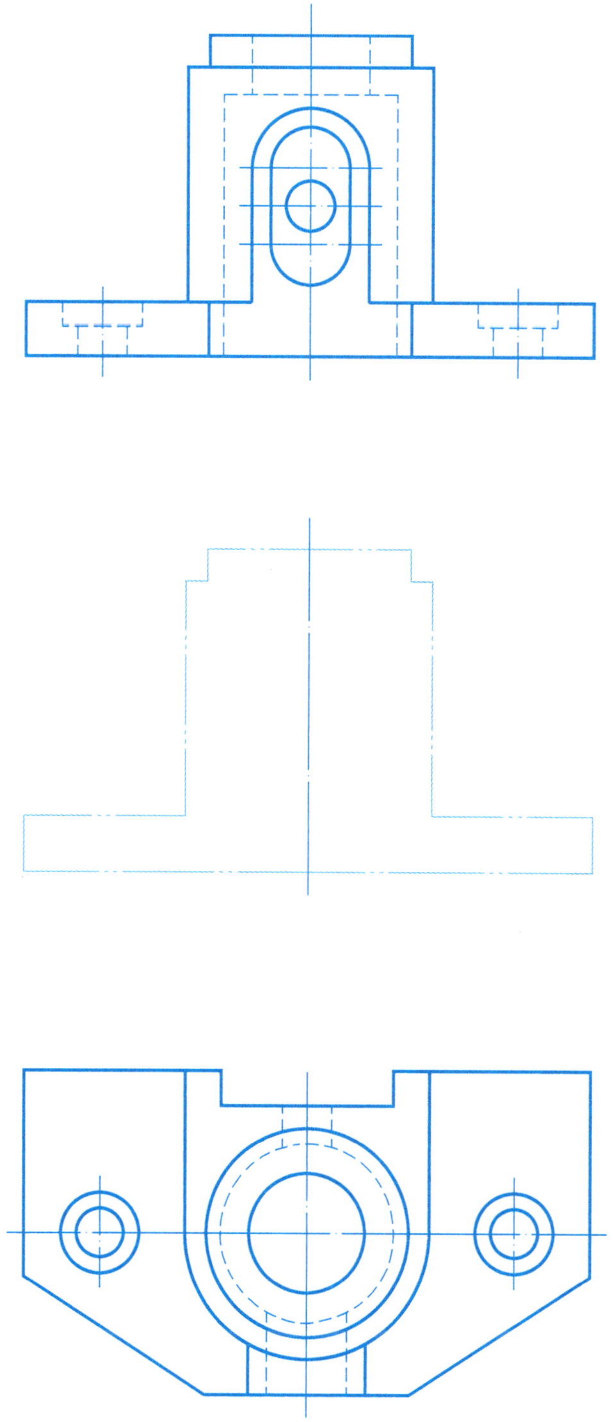

6-5　在指定位置将主视图半剖并画出全剖的左视图，用三维软件建模生成所需视图。

6-6　在指定位置将主视图改画为全剖视图，并改画左视图为半剖视图。

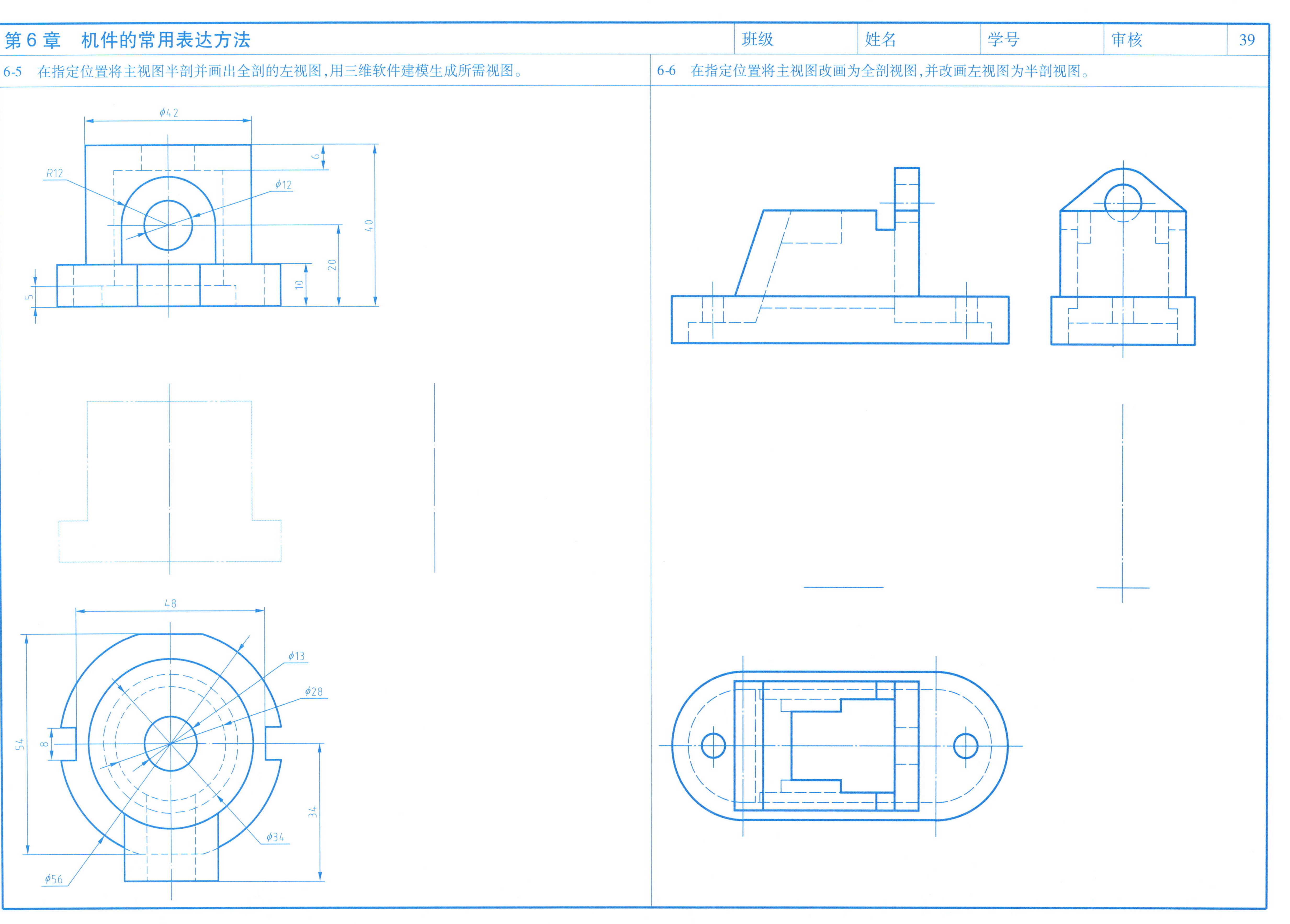

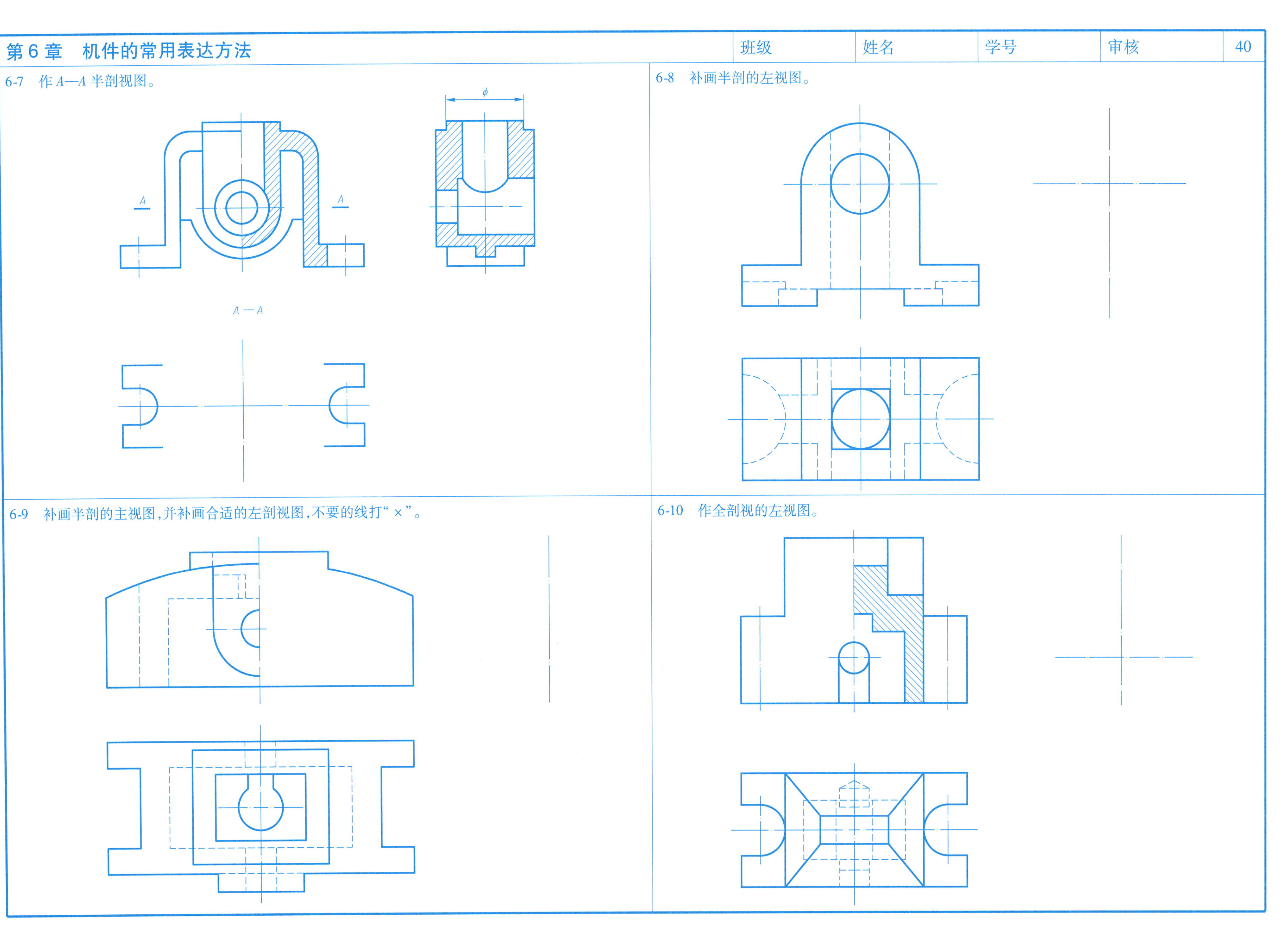
6-7　作 A—A 半剖视图。
A
A
ϕ
A — A
6-8　补画半剖的左视图。
6-9　补画半剖的主视图，并补画合适的左剖视图，不要的线打“×”。
6-10　作全剖视的左视图。

6-11　作局部剖视图。

(1)读懂图(a)给出的两个视图后,判断(b)、(c)、(d)的表达是否正确,正确画(√),错误的画(×),并用箭头指出错误之处。

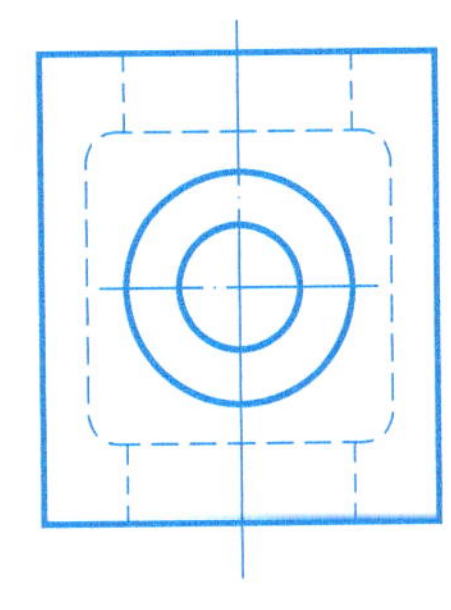
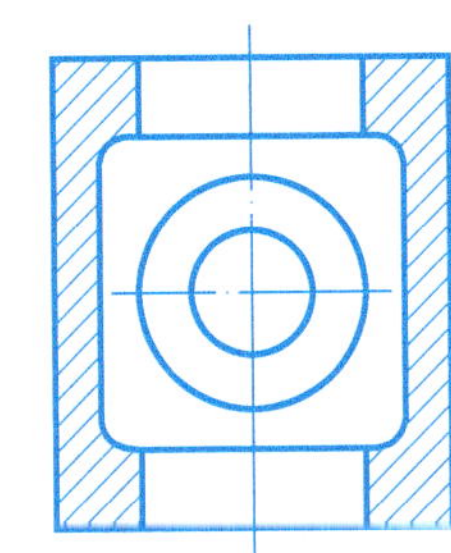
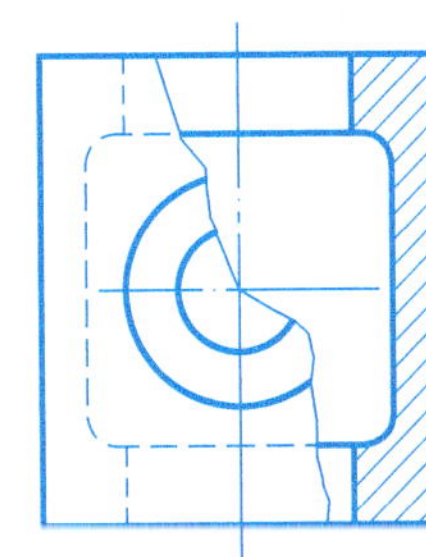
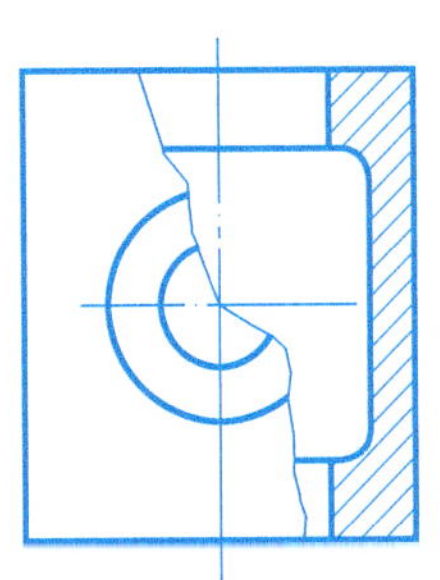
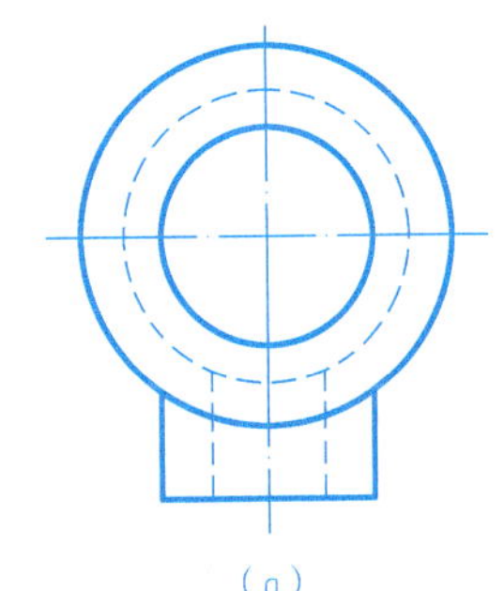
(a)

(b)
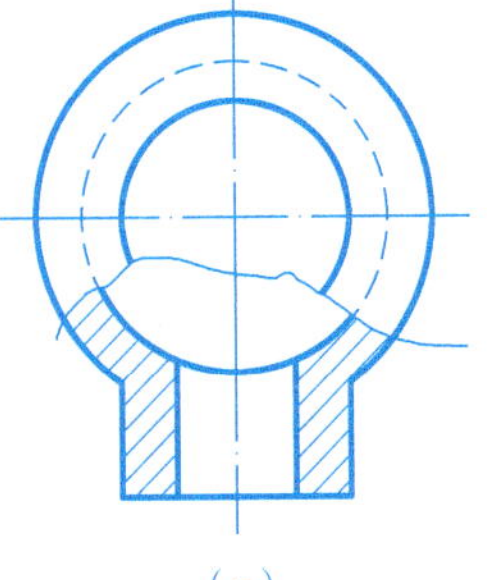
(c)
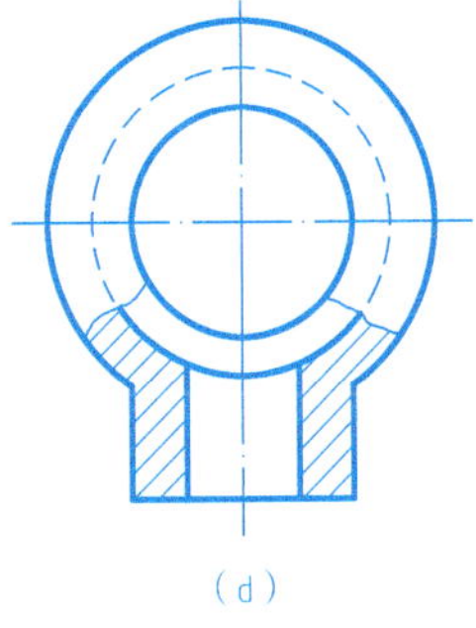
(d)

(2)在指定位置处将主视图改画成局部剖视图。

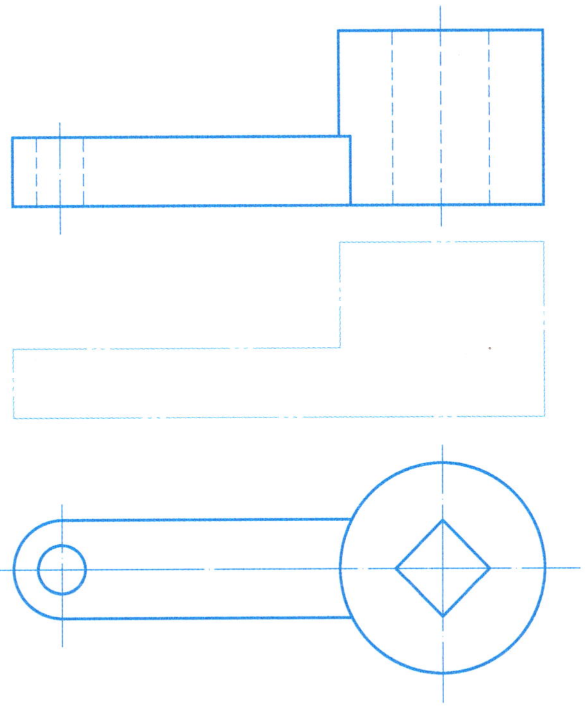

(3)在右边指定位置将主视图和俯视图改画成局部剖视图,并根据尺寸三维建模后生成局部剖视图。

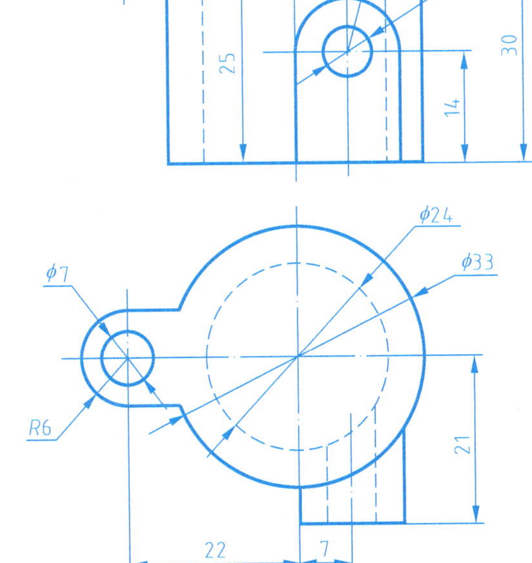

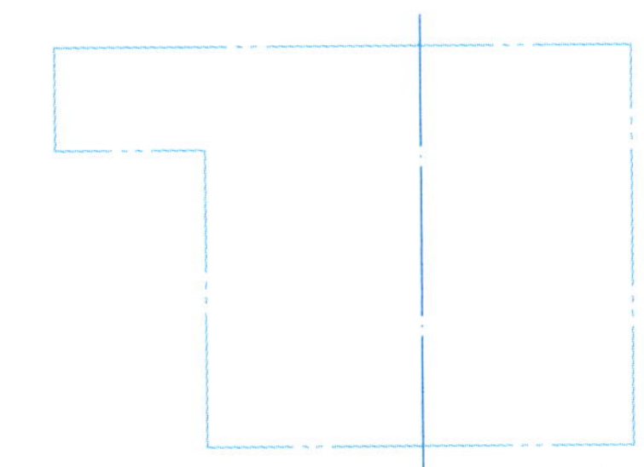
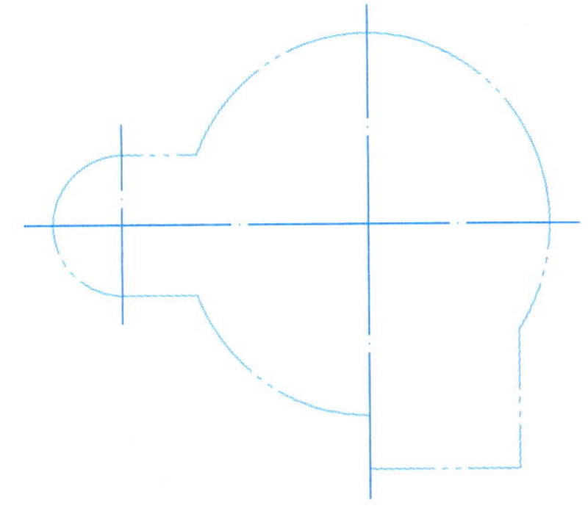

(4)在右边指定位置将主视图和俯视图改画成局部剖视图。

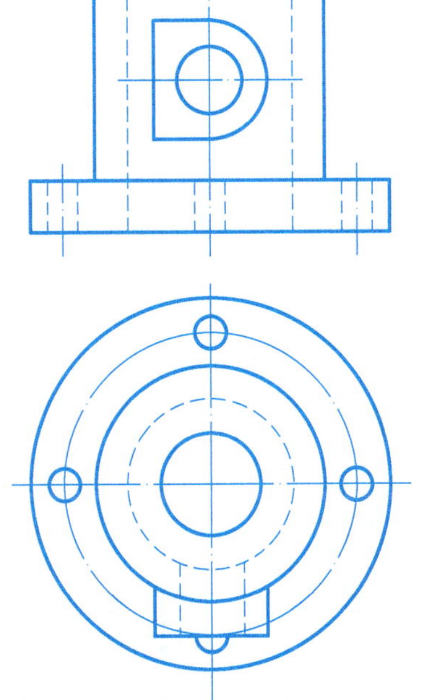
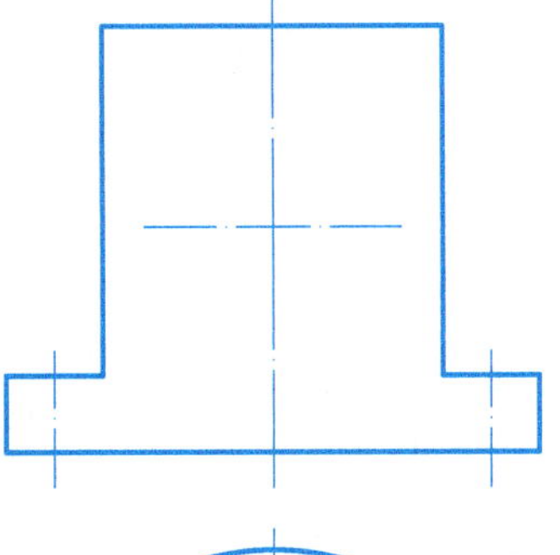
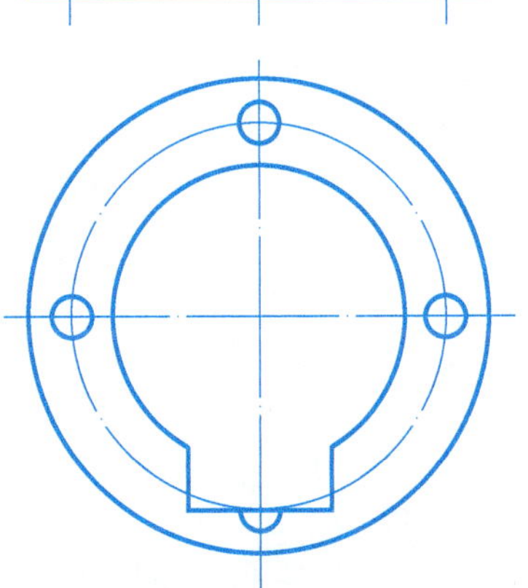

6-12　用几个平行的剖切面剖切机件，在中间指定位置处画出全剖视图，并标注，第(2)题用三维建模生成剖视图。

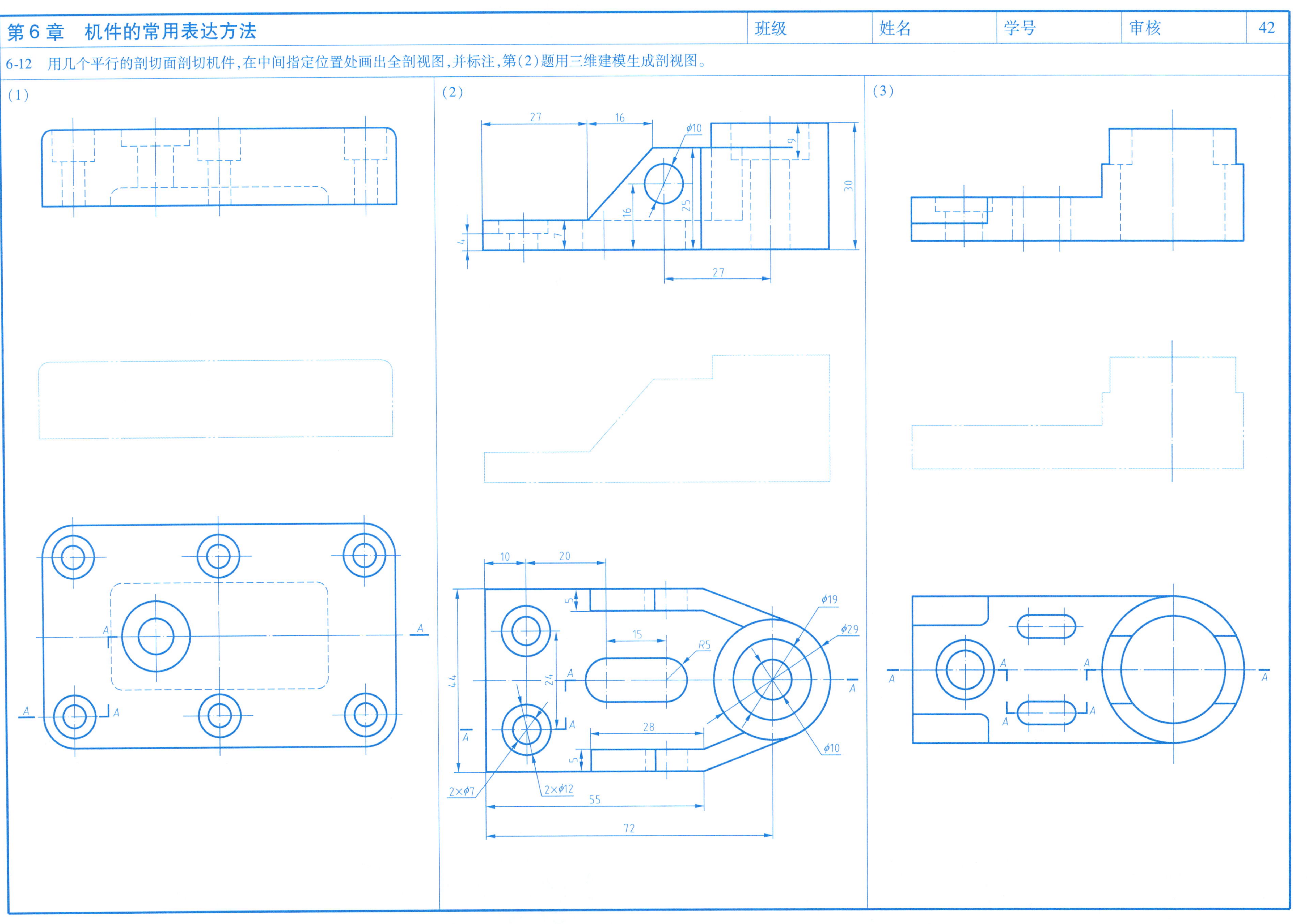

6-13　完成用两个相交剖切面剖切后得到的全剖视图，并标注，第（3）小题用三维建模生成剖视图。

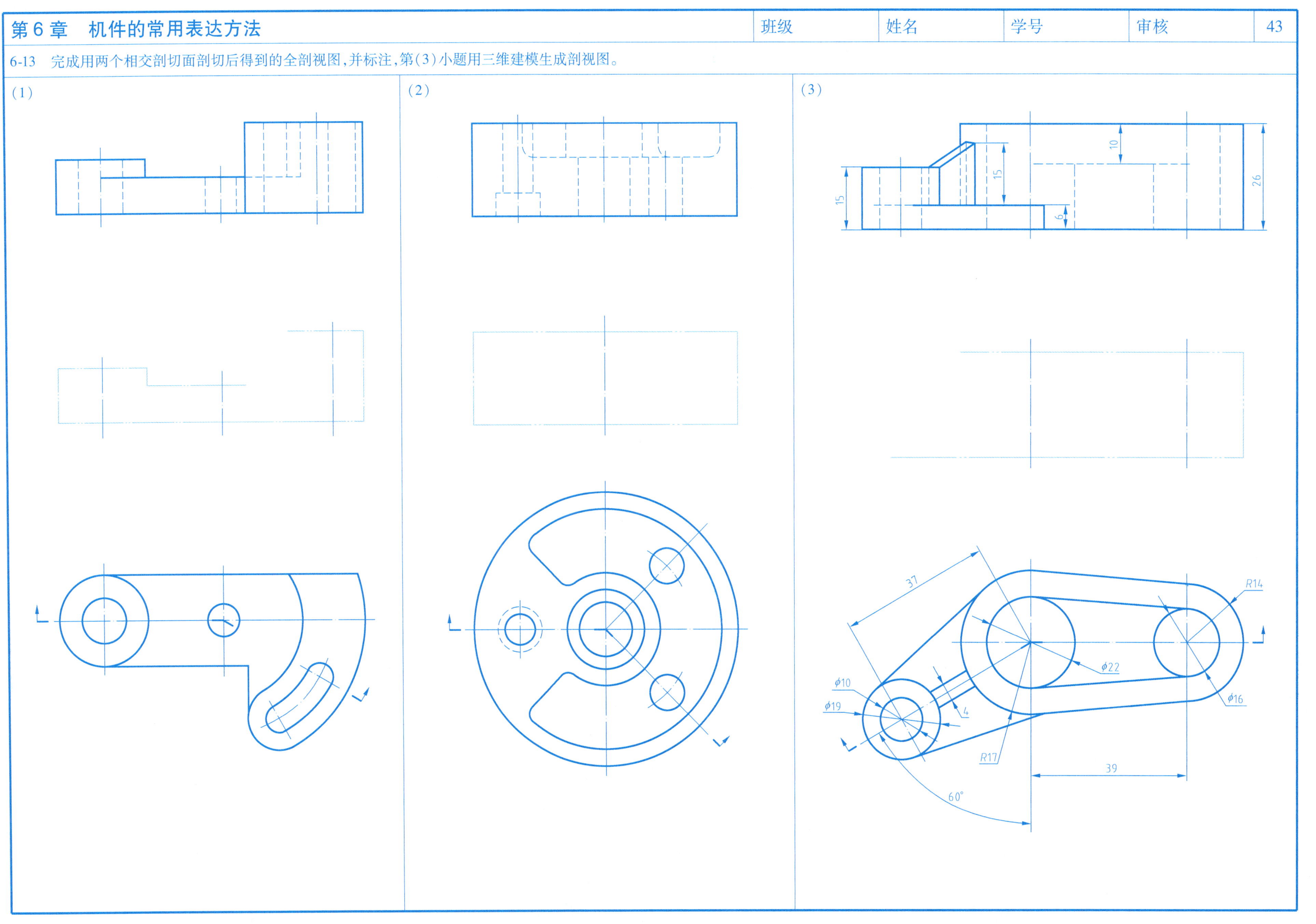

6-14　作 A—A 全剖视。

6-15　完成用几个相交剖切面剖切后得到的全剖视图。

6-16　在指定位置画出圆柱回转轴的移出断面图。

6-17　画出肋板的重合断面图。

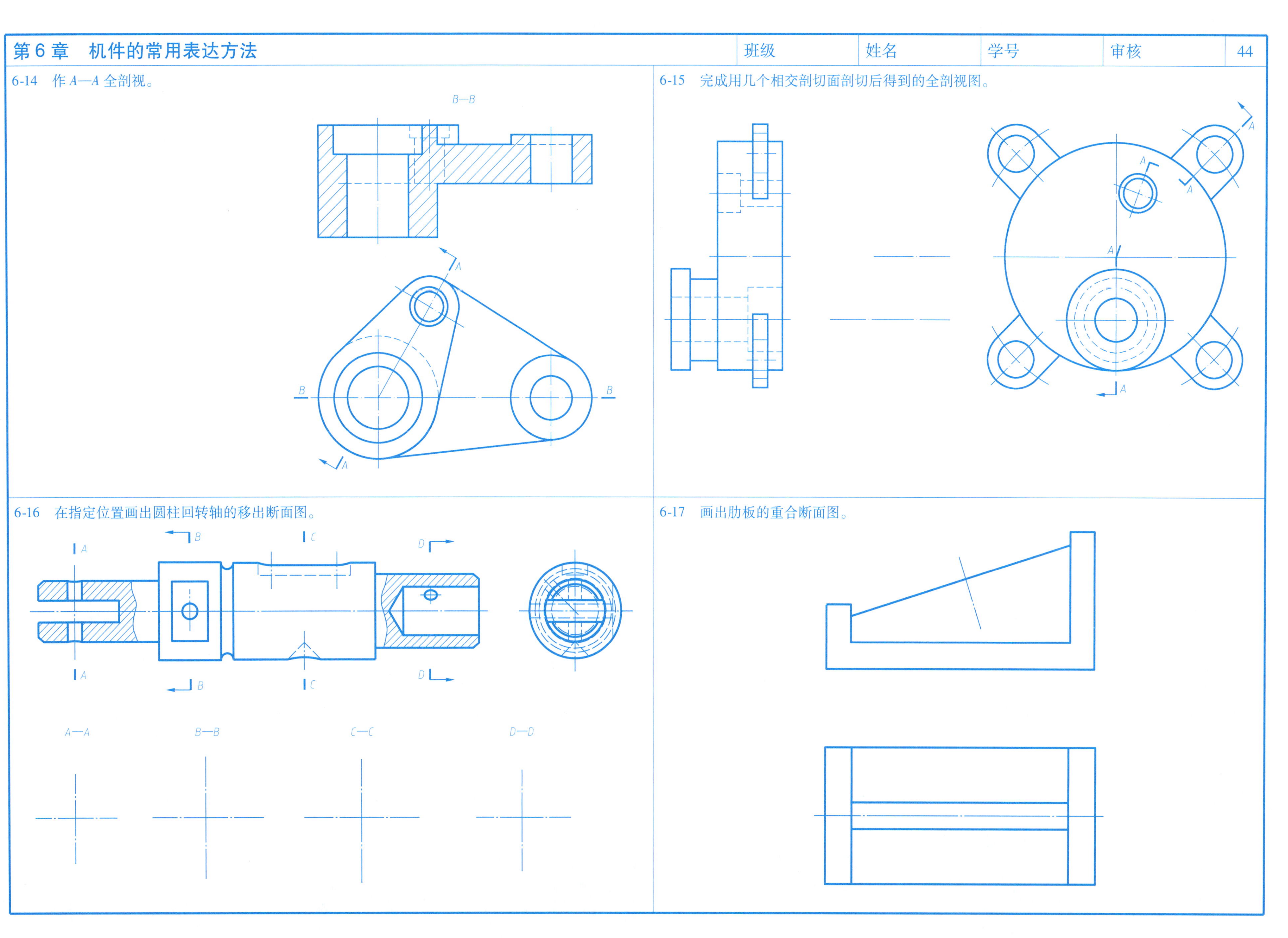

6-18　看懂所给视图，重新选用适当的表达方法把机件表达清楚。

6-19　已知俯视图 A—A 阶梯剖，试完成 B—B 旋转剖的主视图，并完成 C—C 剖视图。

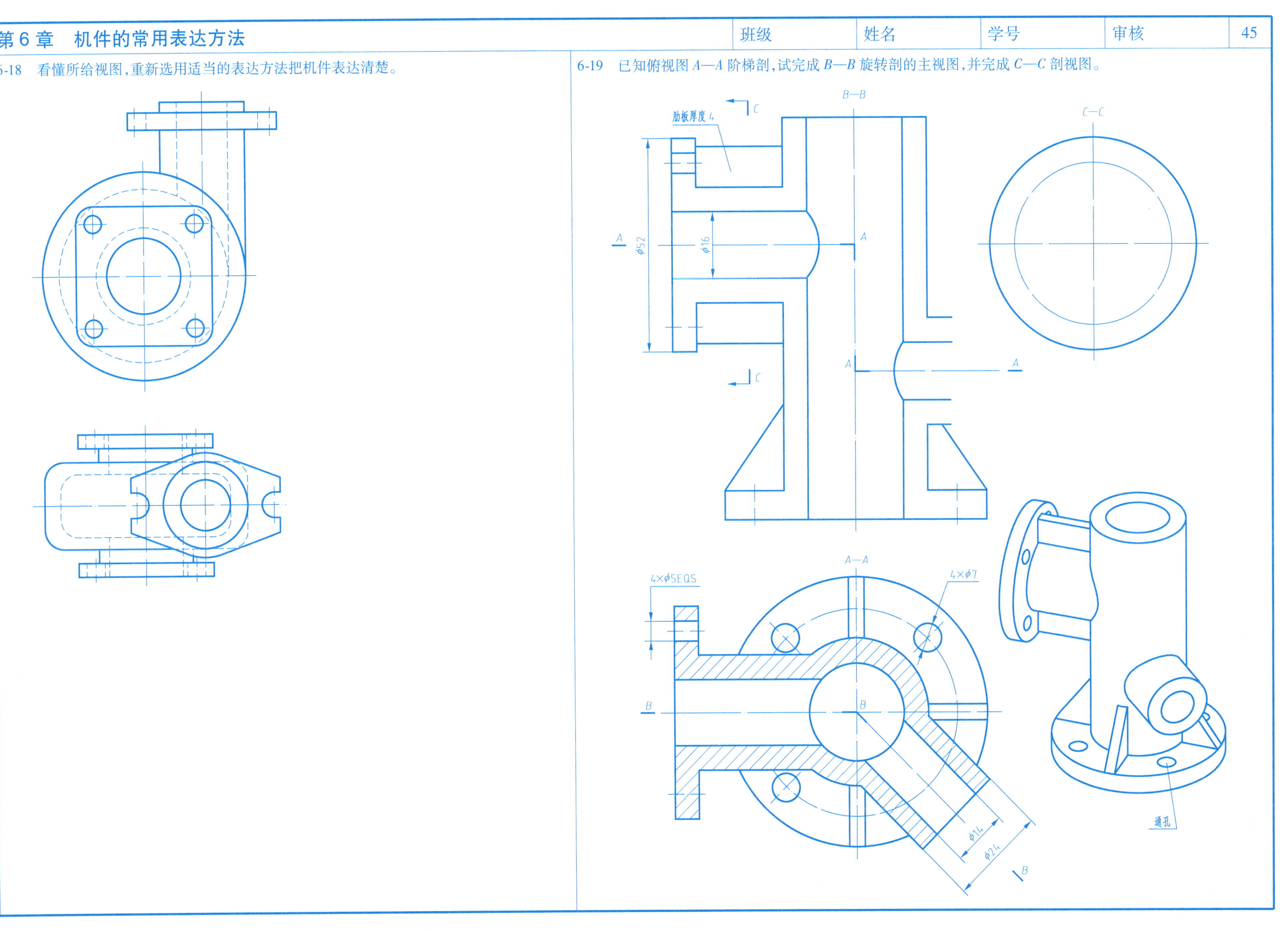

6-20 综合表达练习：(a)看懂视图，用适当表达方法将机件表达清楚，并注尺寸(自选图幅与比例)；(b)三维建模并生成适当视图。

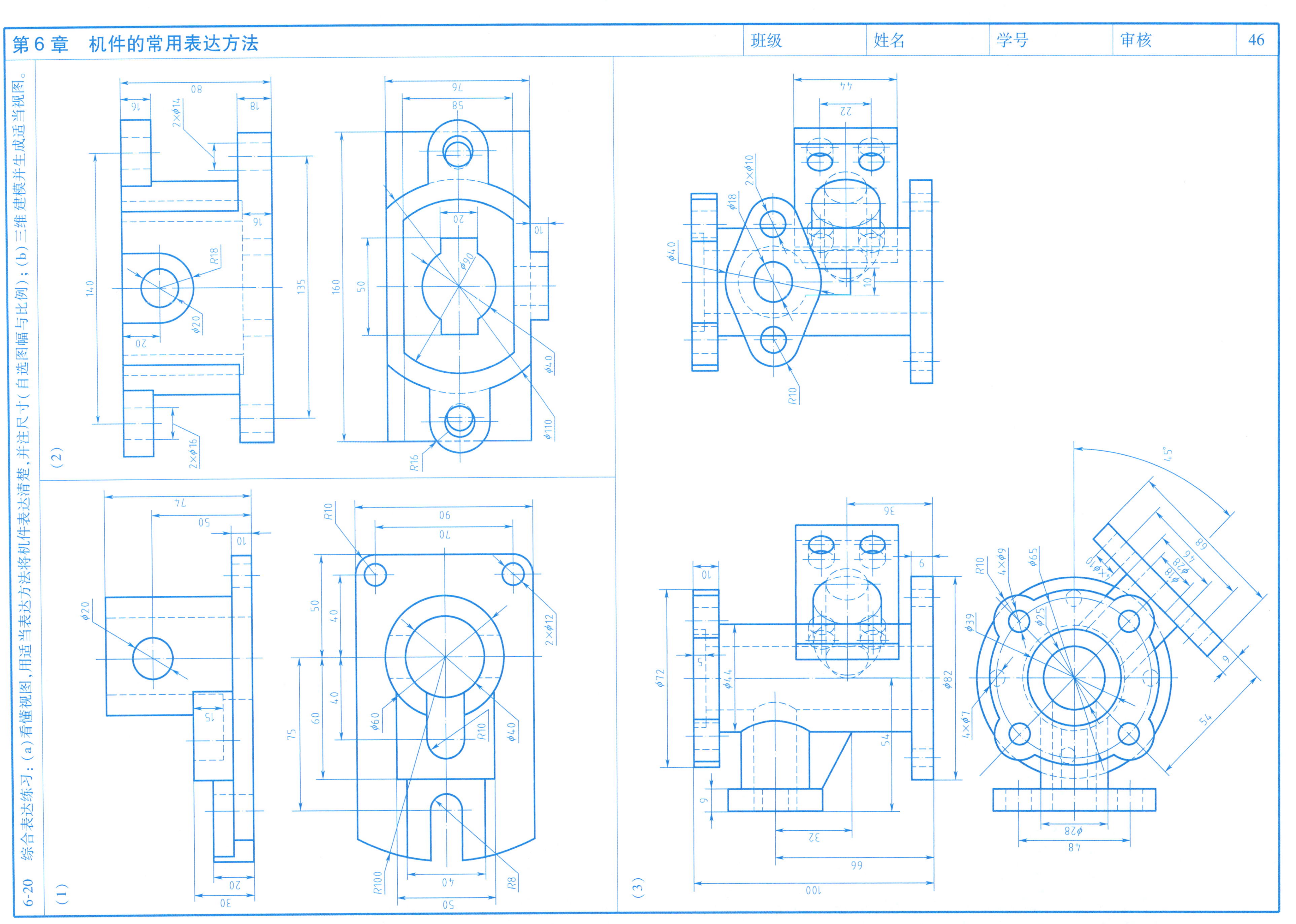

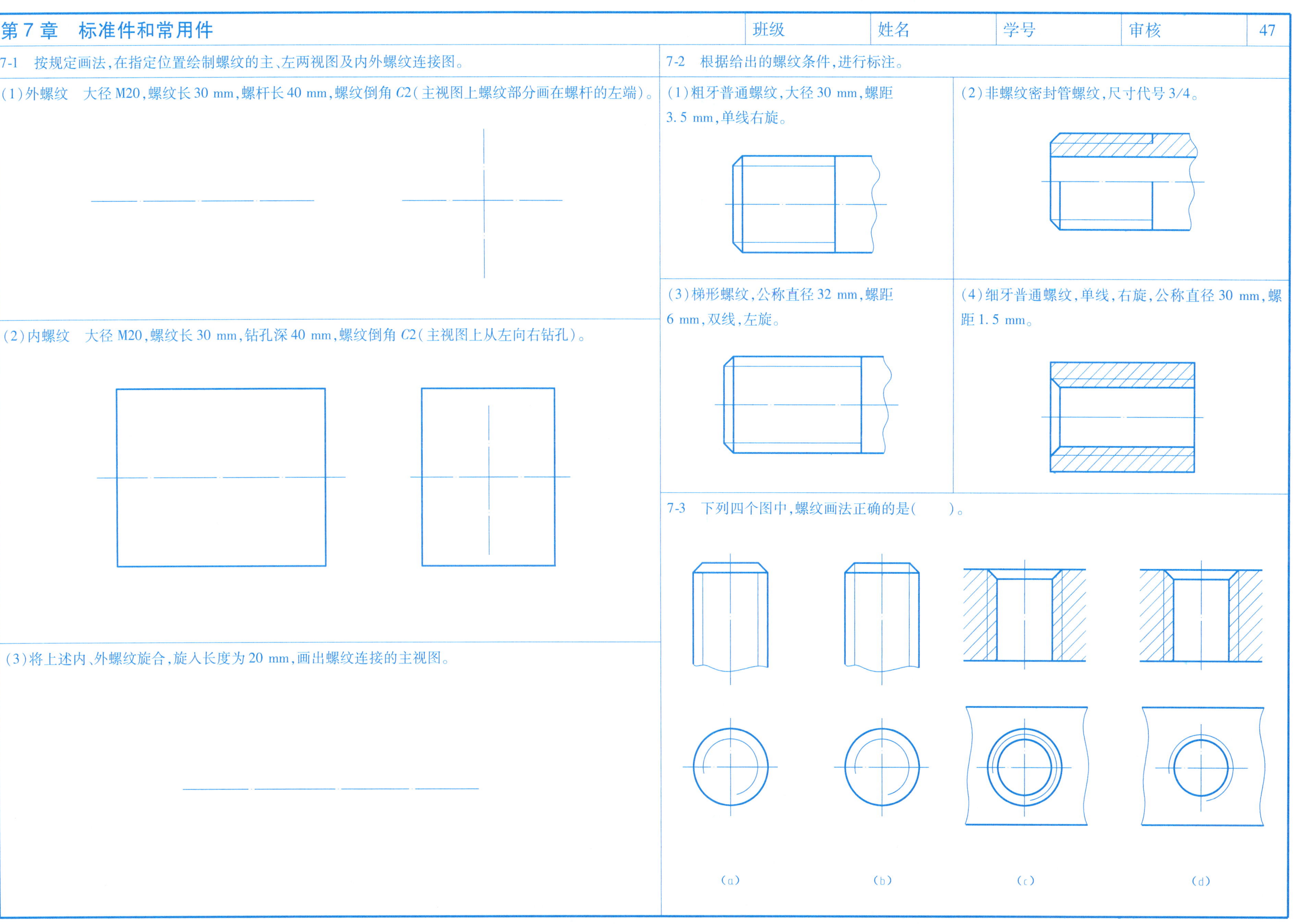
第7章 标准件和常用件
班级
姓名
学号
审核
47
7-1 按规定画法，在指定位置绘制螺纹的主、左两视图及内外螺纹连接图。
(1)外螺纹 大径M20，螺纹长30 mm，螺杆长40 mm，螺纹倒角C2（主视图上螺纹部分画在螺杆的左端）。
(2)内螺纹 大径M20，螺纹长30 mm，钻孔深40 mm，螺纹倒角C2（主视图上从左向右钻孔）。
(3)将上述内、外螺纹旋合，旋入长度为20 mm，画出螺纹连接的主视图。
7-2 根据给出的螺纹条件，进行标注。
(1)粗牙普通螺纹，大径30 mm，螺距3.5 mm，单线右旋。
(2)非螺纹密封管螺纹，尺寸代号3/4。
(3)梯形螺纹，公称直径32 mm，螺距6 mm，双线，左旋。
(4)细牙普通螺纹，单线，右旋，公称直径30 mm，螺距1.5 mm。
7-3 下列四个图中，螺纹画法正确的是（ ）。
(a)
(b)
(c)
(d)

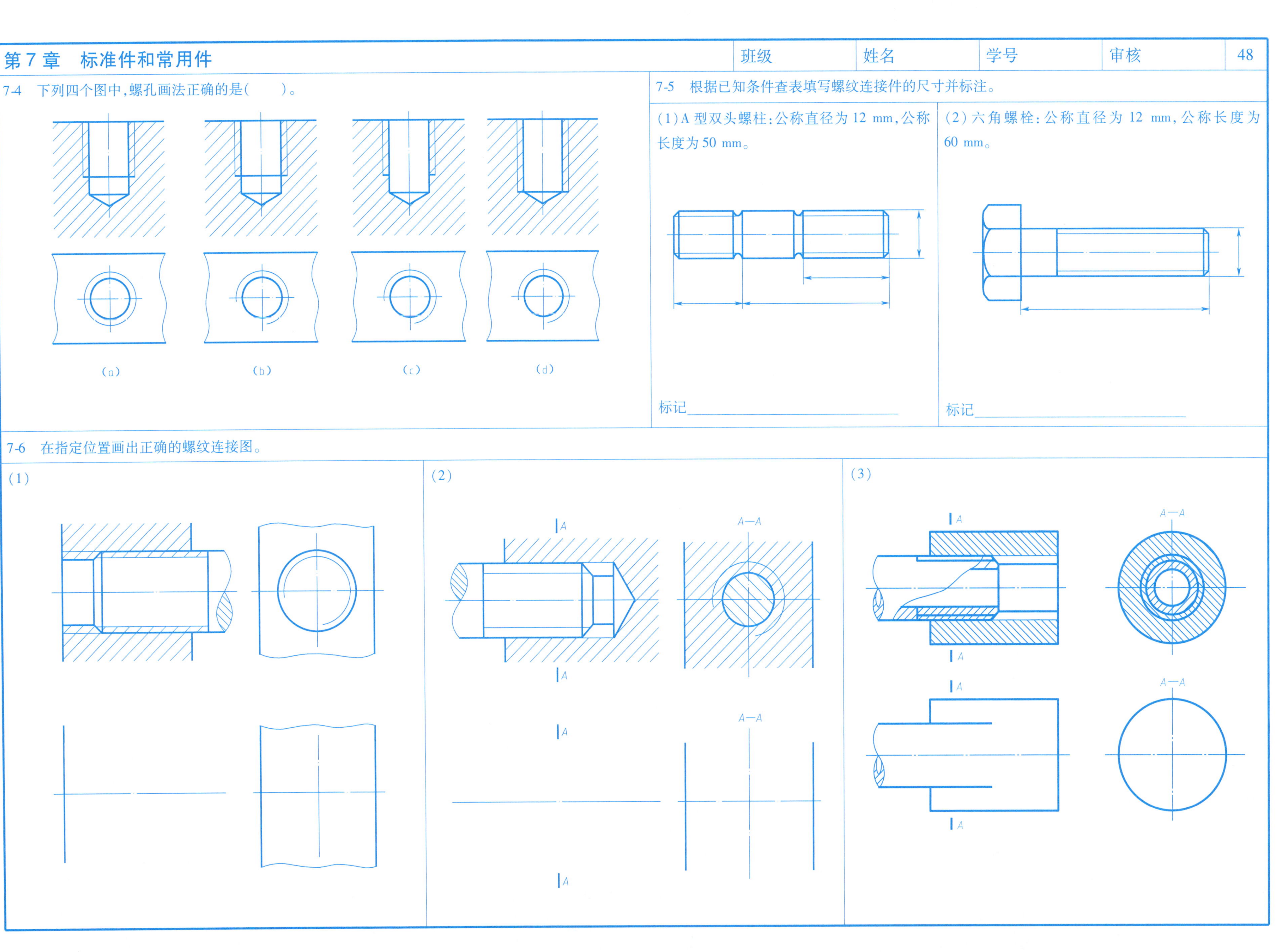
第7章　标准件和常用件
班级
姓名
学号
审核
48
7-4　下列四个图中，螺孔画法正确的是(　　)。
(a)
(b)
(c)
(d)
7-5　根据已知条件查表填写螺纹连接件的尺寸并标注。
(1) A 型双头螺柱：公称直径为 12 mm，公称长度为 50 mm。
标记
(2) 六角螺栓：公称直径为 12 mm，公称长度为 60 mm。
标记
7-6　在指定位置画出正确的螺纹连接图。
(1)
(2)
A
A—A
(3)
A
A—A

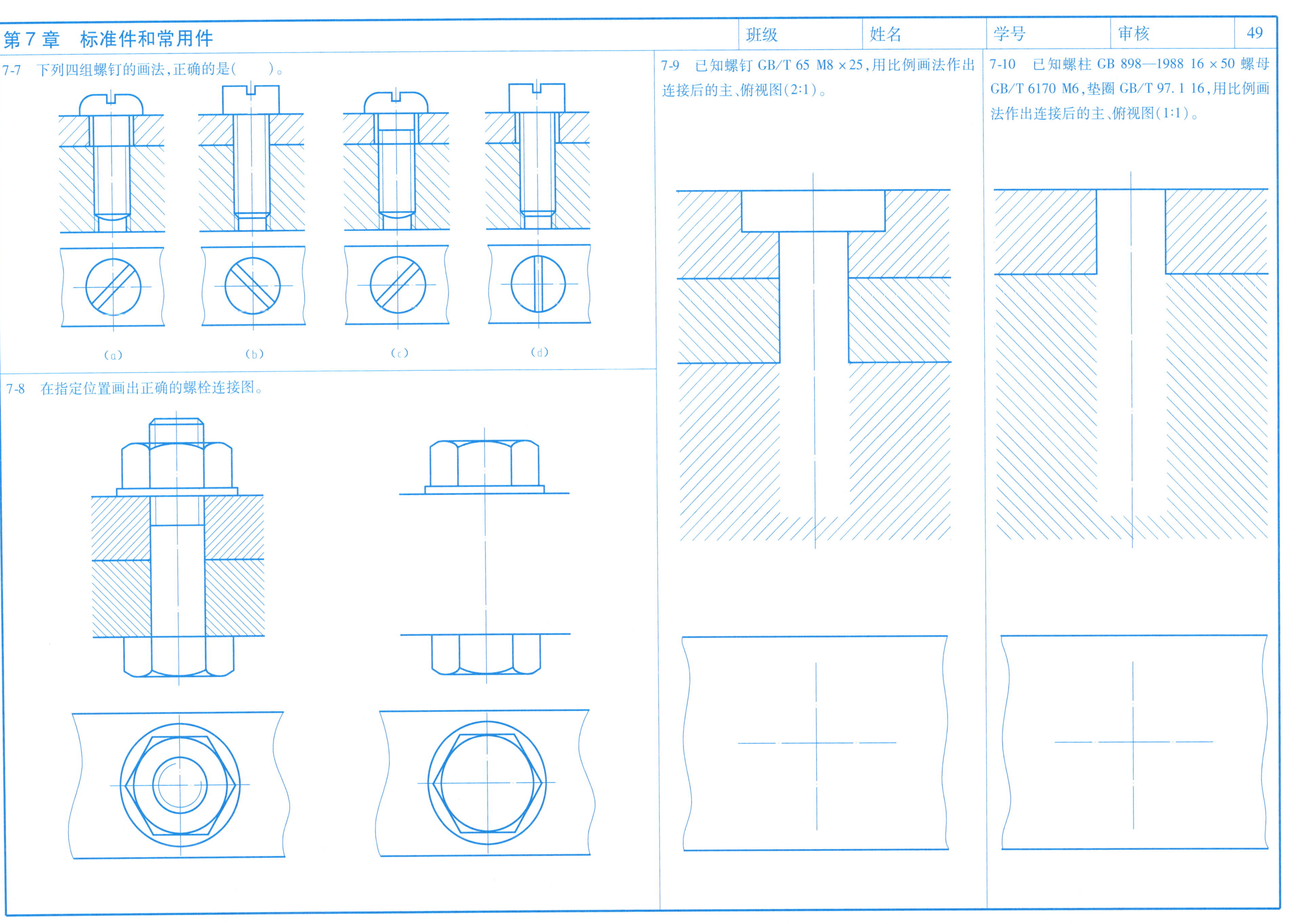

7-7　下列四组螺钉的画法，正确的是（　　）。

7-8　在指定位置画出正确的螺栓连接图。

7-9　已知螺钉 GB/T 65 M8×25，用比例画法作出连接后的主、俯视图（2:1）。

7-10　已知螺柱 GB 898—1988 16×50 螺母 GB/T 6170 M6，垫圈 GB/T 97.1 16，用比例画法作出连接后的主、俯视图（1:1）。

7-11 将下列图抄画在A3图纸上(1:1)。

(1)已知螺栓 GB/T 5782 M20×100,螺母 GB/T 6170 M20,垫圈 GB/T 97.1 20;被连接件的厚度 δ_1 =30 mm,δ_2 =40 mm,用比例画法作出连接后的主、俯视图。

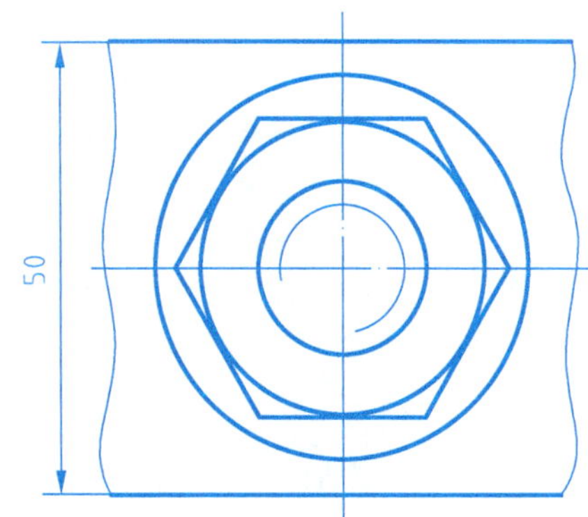

(2)已知双头螺柱 GB 898 M20×50,螺母 GB/T 6170 M20,垫圈 GB/T 93 20;被连接件的厚度 δ_1 =20 mm,δ_2 =60 mm,用比例画法作出连接后的主、俯视图。

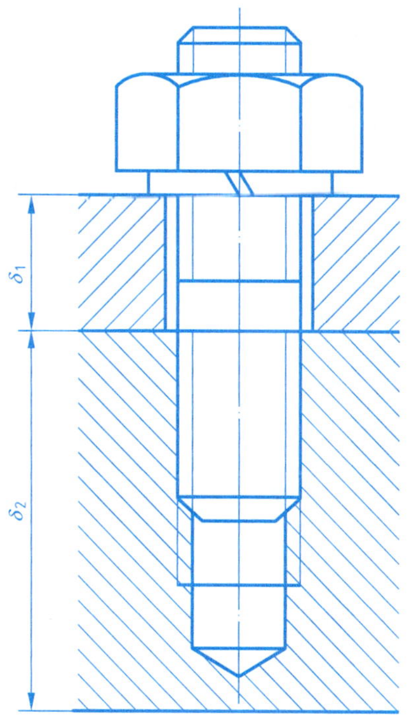

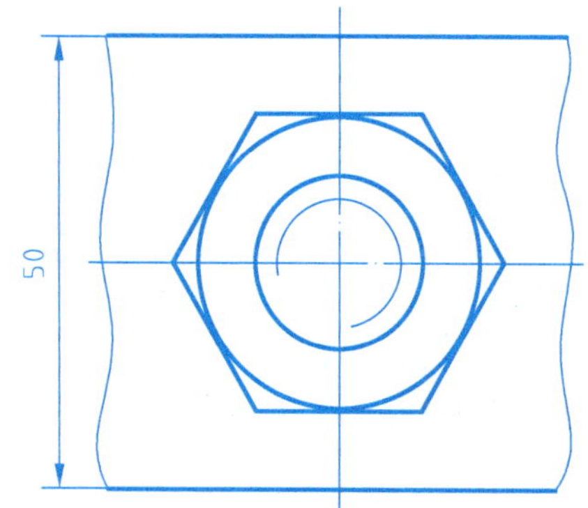

(3)已知螺钉 GB/T 67 M10×25,被连接件的厚度 δ_1 =8 mm,δ_2 =34 mm,用比例画法作出连接后的主、俯视图(作图比例2:1)。

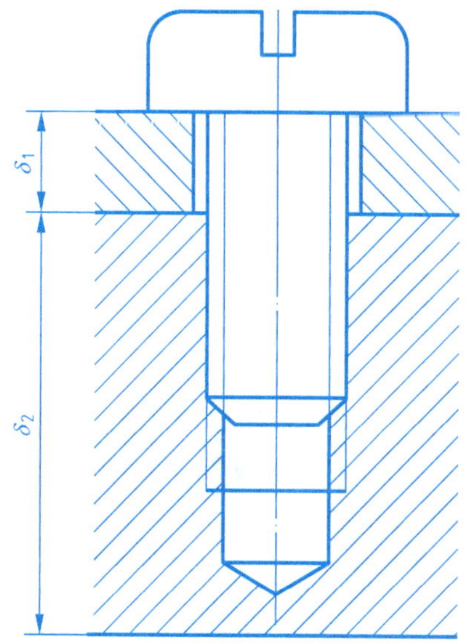

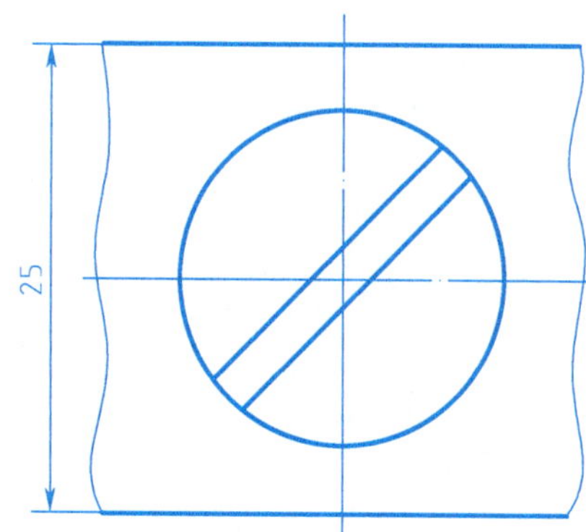

7-12 已知齿轮和轴，用A型普通平键连接，轴孔直径为20 mm，键的长度为16 mm，(1)写出键的规定标记；(2)查表确定键和键槽的尺寸，用1:1画全下列各视图和断面图，并标注键槽的尺寸。

键的规定标记为________________

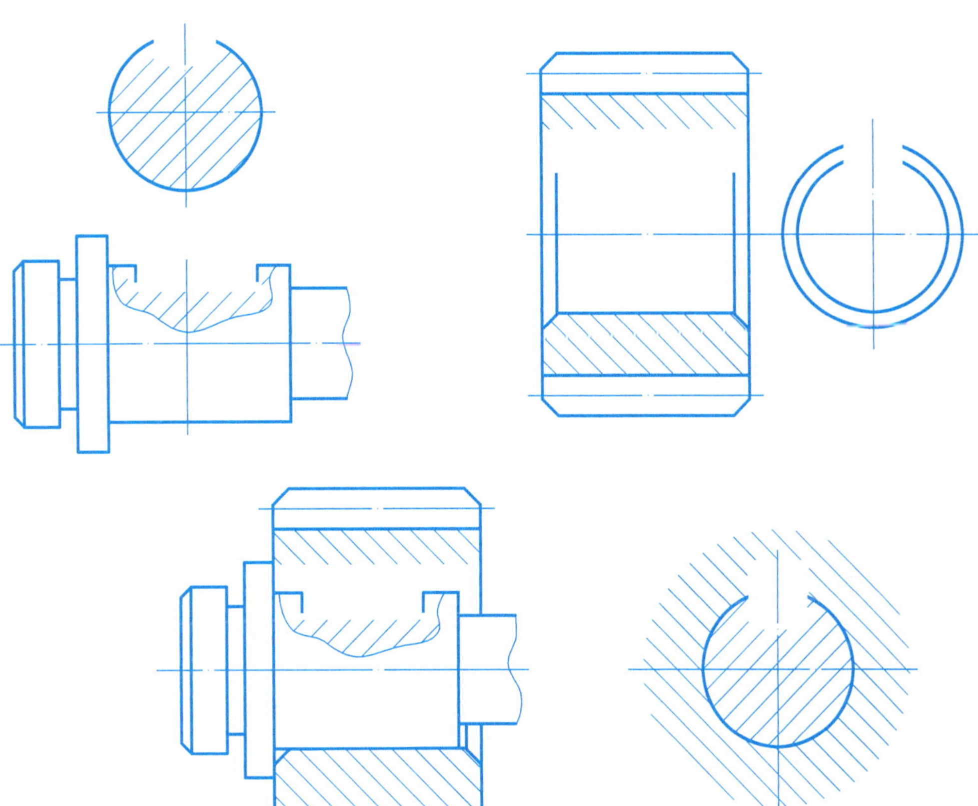

7-13 销及销连接。

(1)选出适当长度的 $\phi4$ 圆锥销，画出销连接的装配图，并写出销的规定标记。

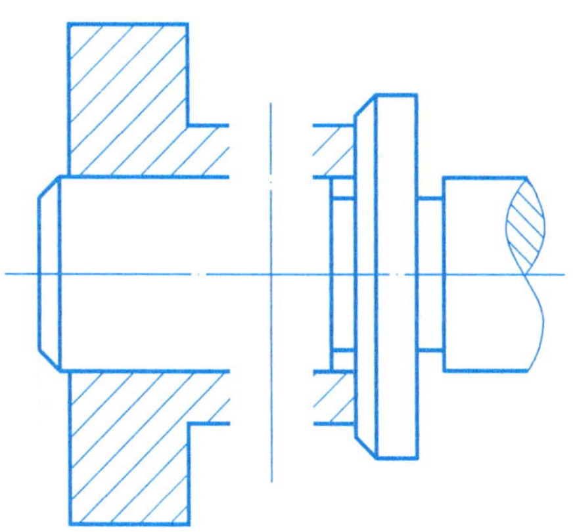

规定标记________________

(2)选出适当长度的 $\phi6$ 圆柱销，画出销连接的装配图，并写出销的规定标记。

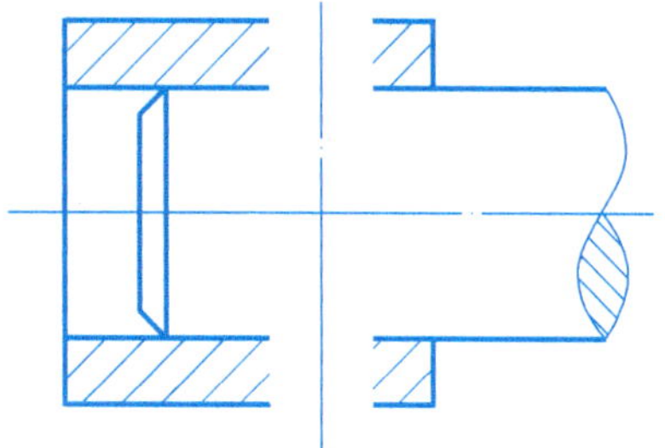

规定标记________________

7-14 用规定画法画出指定轴承的下半部分视图。

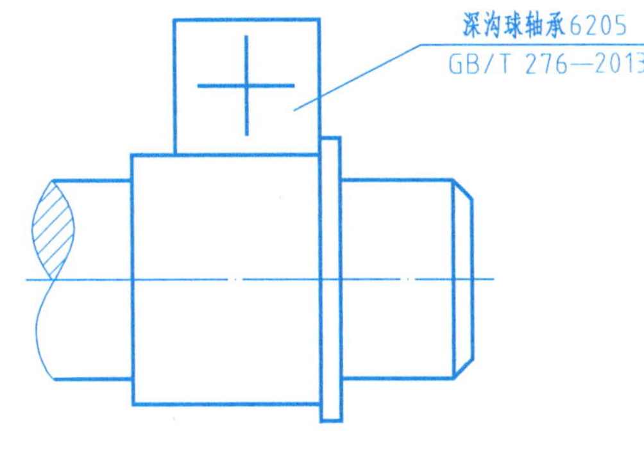

7-15 已知一圆柱螺旋压缩弹簧，簧丝直径 $d=6$ mm，外径 $D_2=56$ mm，节距 $t=10$ mm，有效圈数 $n=7$，支承圈数 $n_2=2.5$，右旋，用1:1画出弹簧的全剖视图。

班级	姓名	学号	审核

7-16　已知直齿圆柱齿轮模数 $m=3$，齿数 $z=28$，试完成该齿轮的两视图(1:1)。

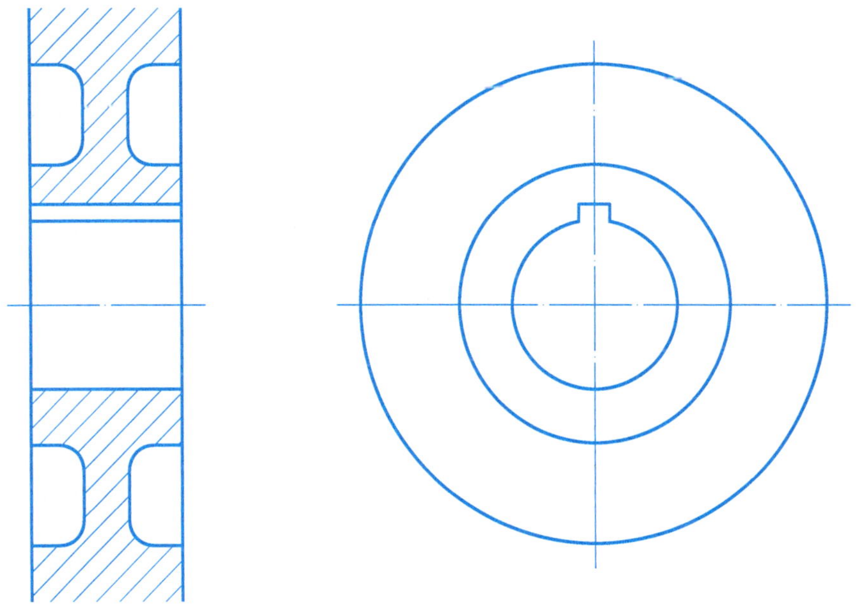

7-17　用 1:1 完成一对啮合直齿圆柱齿轮的两视图($Z_1=20$，$Z_2=33$，上方为小齿轮)。

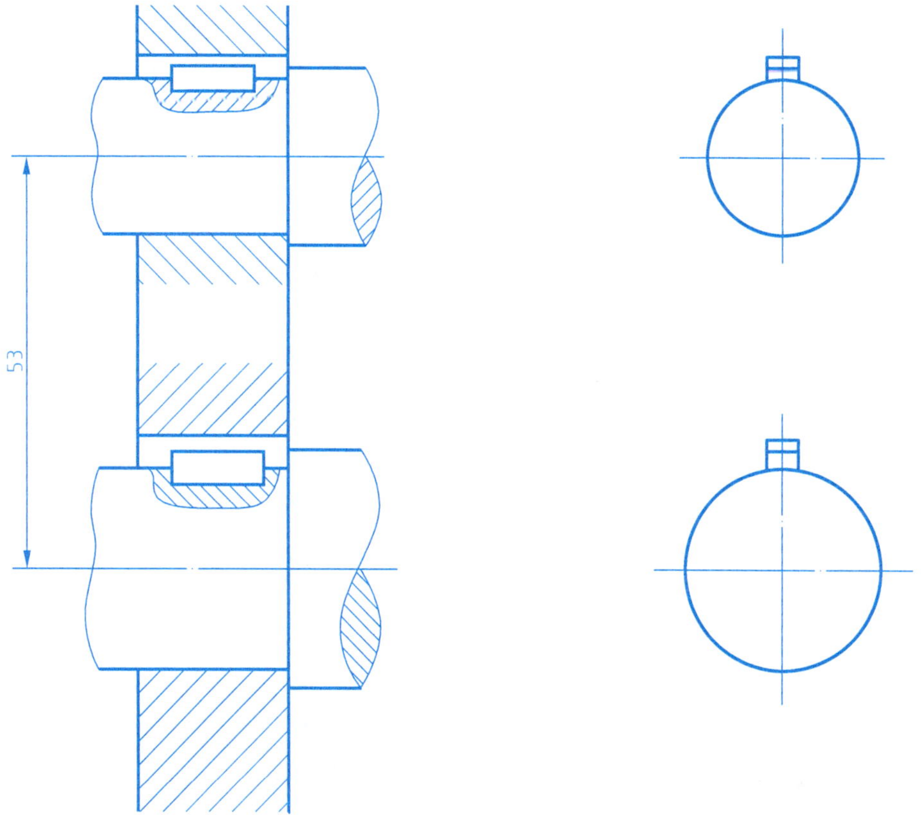

53

8-1 根据零件的轴测图，(a)选用适当比例及图幅绘制其零件图，要求零件图的内容完整、正确；(b)三维建模并生成工程图。

(1)根据轴测图绘制零件图(名称：轴，材料：45 钢)。

①调质处理，硬度为 220 ~ 250 HBS。

②去除飞边、毛刺。

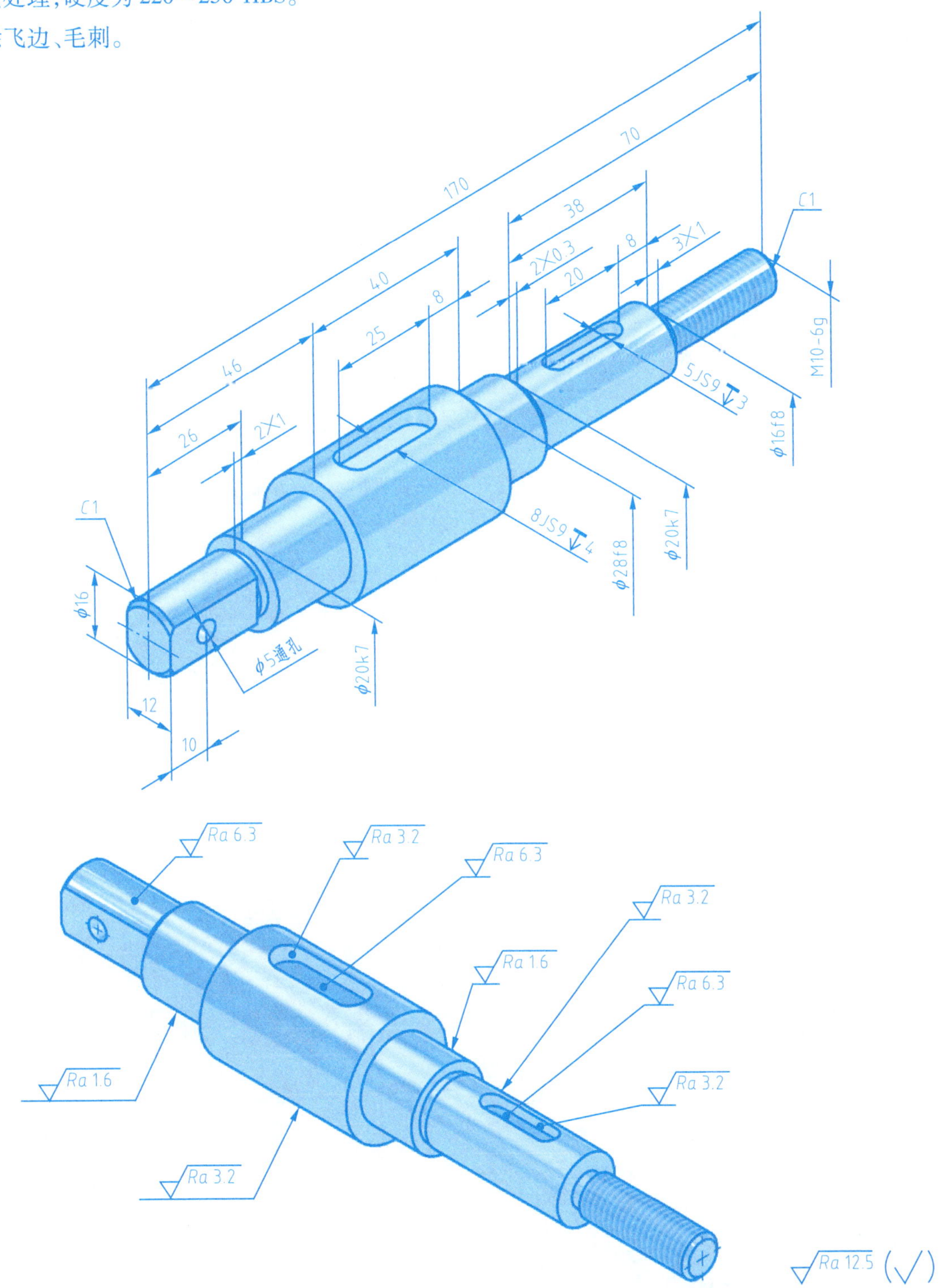

(2)根据轴测图绘制零件图(名称：盖，材料：HT200)。

①未注圆角为 *R*3。

②铸件需经时效处理。

③非加工面涂蓝色防锈漆。

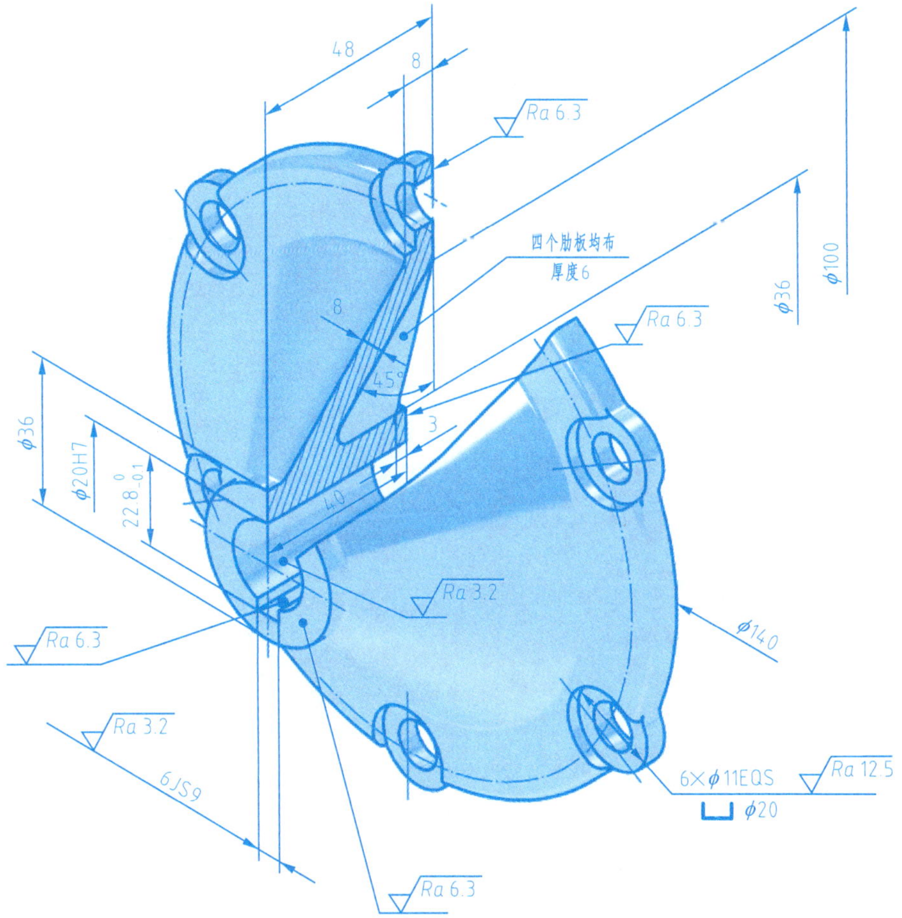

8-1　根据零件的轴测图，(a)选用适当比例及图幅绘制其零件图，要求零件图的内容完整、正确；(b)三维建模并生成工程图。

(3)根据轴测图绘制零件图(名称：支架，材料：HT150)。

①未注圆角为 *R*3～*R*5。

②未注倒角为 *C*2。

③铸件需经时效处理。

④非加工面涂防锈漆。

⑤铸件不得有砂眼、缩孔和裂纹等缺陷。

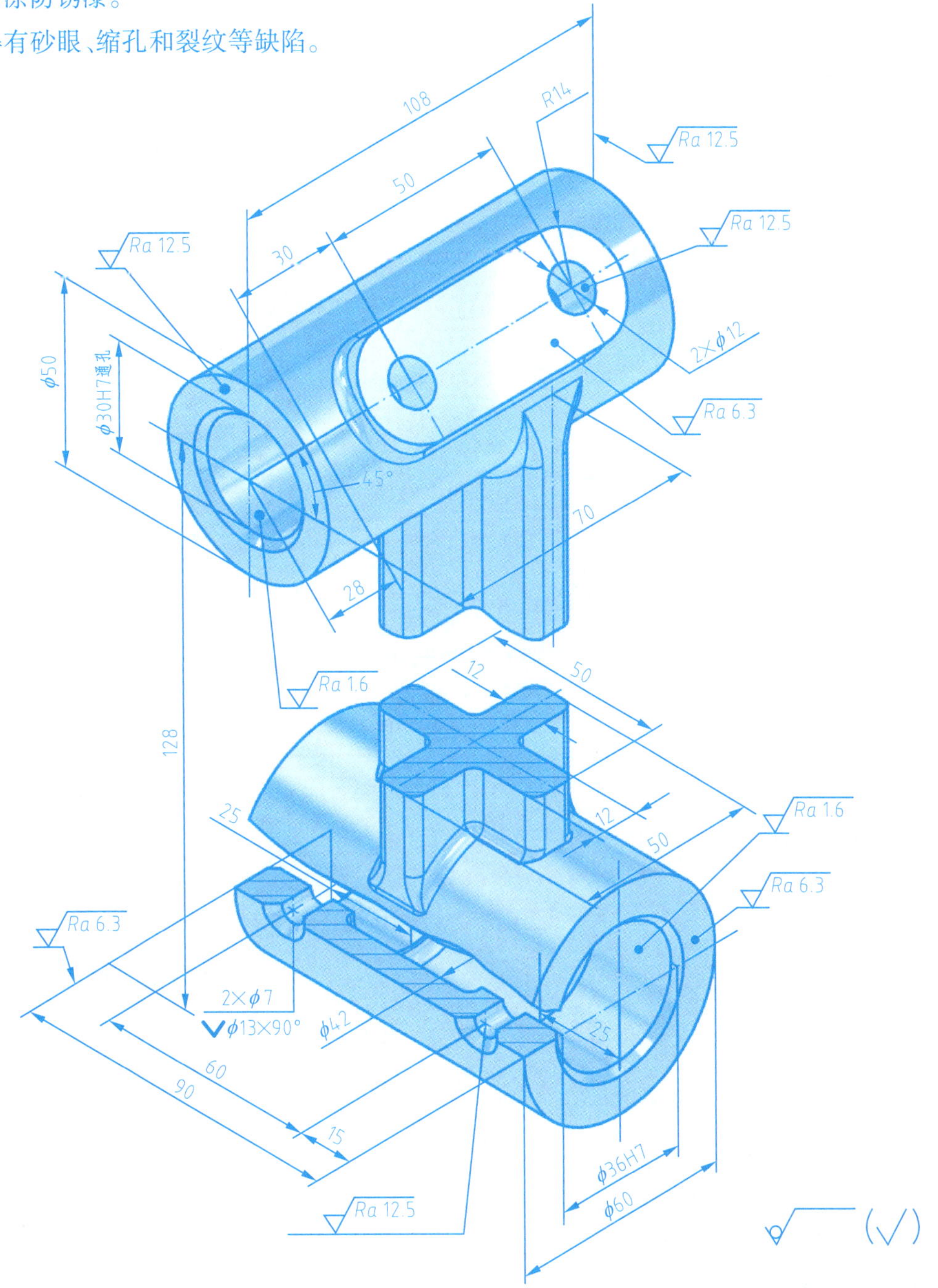

(4)根据轴测图绘制零件图(名称：三通接头，材料：HT200)。

①未注圆角为 *R*3～*R*5。

②铸件需经时效处理。

③非加工面涂红色防锈漆。

④铸件不得有砂眼、缩孔和裂纹等缺陷。

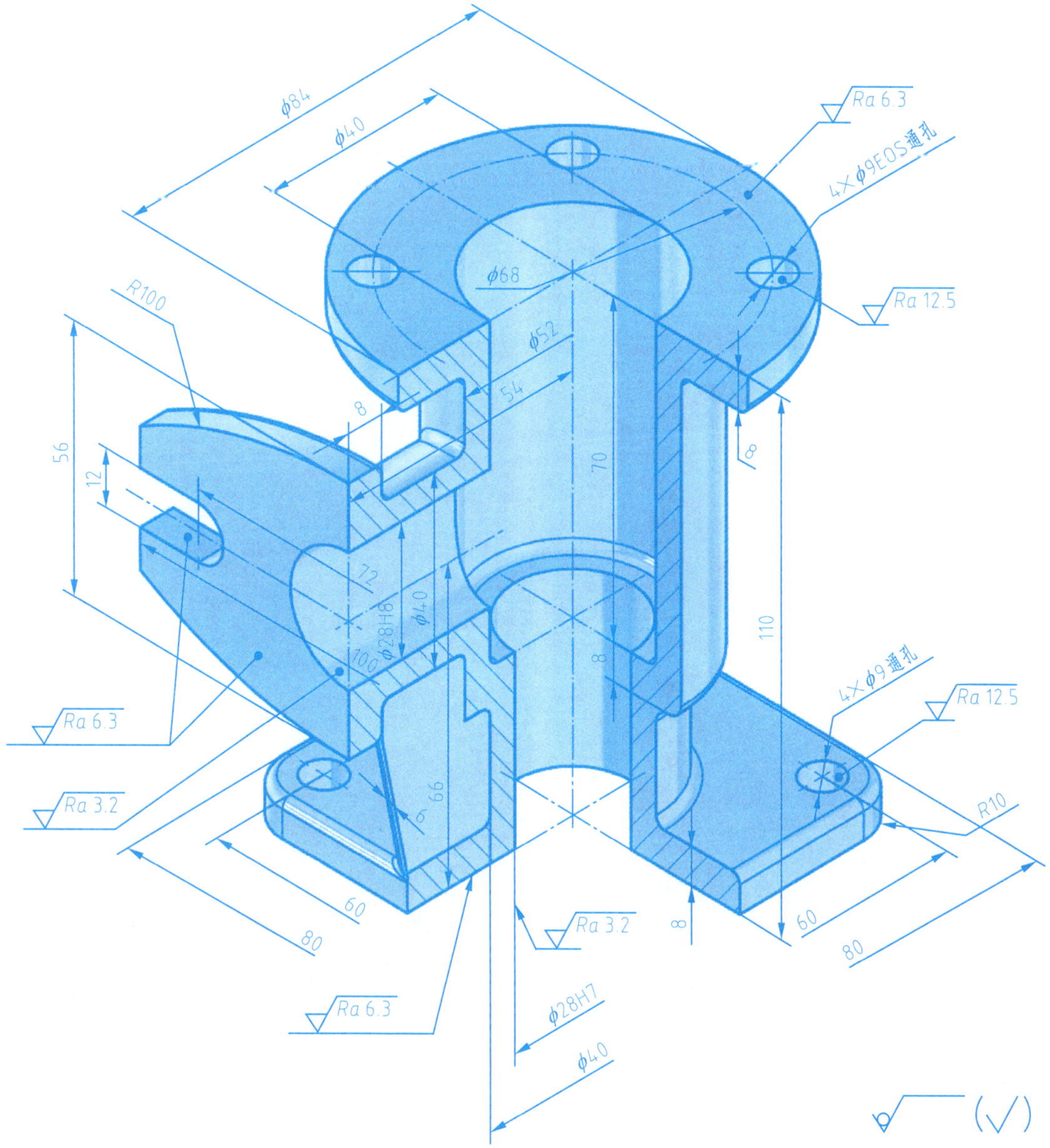

8-1　根据零件的轴测图,(a)选用适当比例及图幅绘制其零件图,要求零件图的内容完整、正确;(b)三维建模并生成工程图。

(5)箱体(名称:箱体,材料:HT200)。

未注圆角为 *R*3 ~ *R*5。

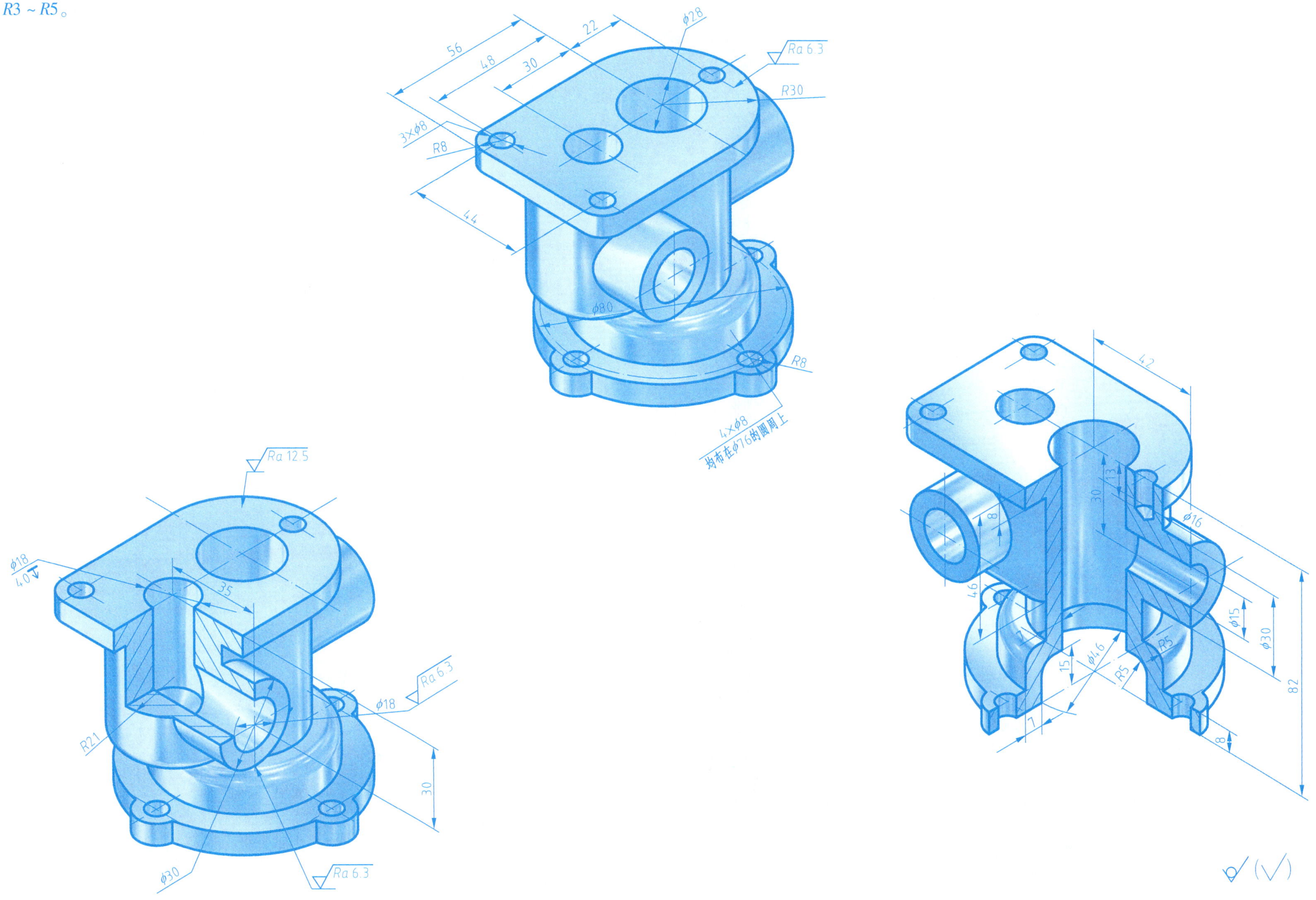

8-1　根据零件的轴测图，(a)选用适当比例及图幅绘制其零件图，要求零件图的内容完整、正确；(b)三维建模并生成工程图。

(6)箱体(名称：箱体，材料：HT200)。

未注圆角为 *R*3 ~ *R*5。

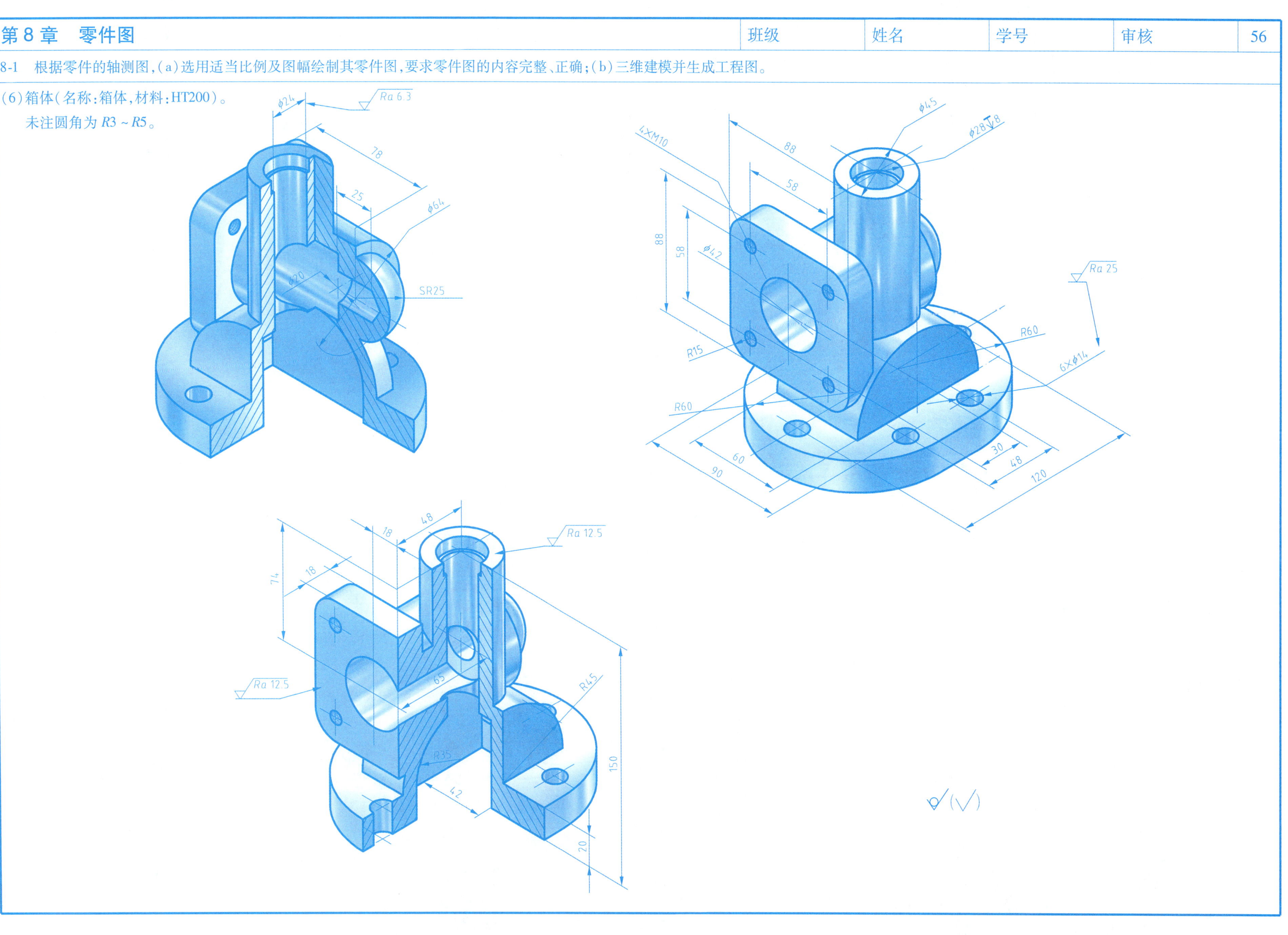

8-2 表面结构要求及公差与配合的标注。

(1)将指定表面粗糙度用代号标注在图上。

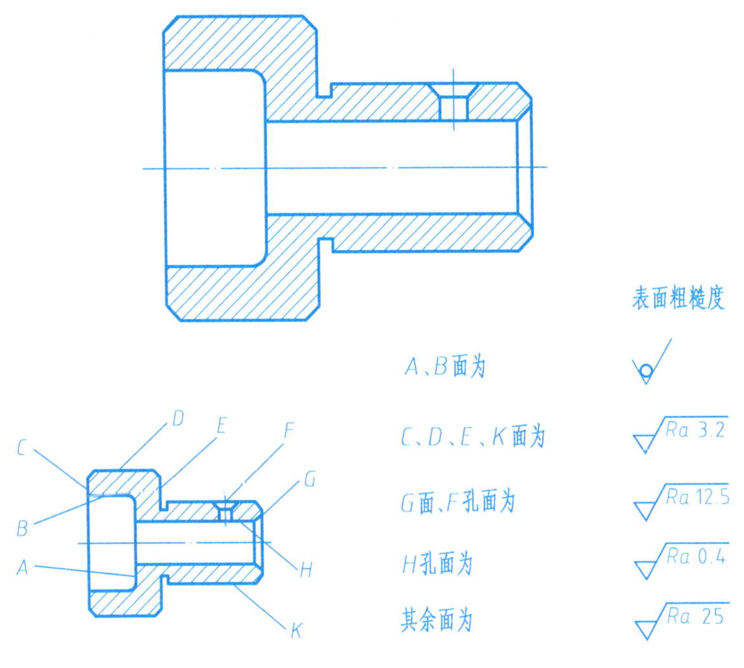

(2)已知孔的公称尺寸为 $\phi30$,基本代号为 H,公差等级为 IT7;轴的公称尺寸为 $\phi20$,基本偏差代号为 f,公差等级为 IT7。

①孔的上极限偏差________下极限偏差________公差________。

②轴的上极限偏差________下极限偏差________公差________。

③以极限偏差形式标注孔、轴的尺寸。

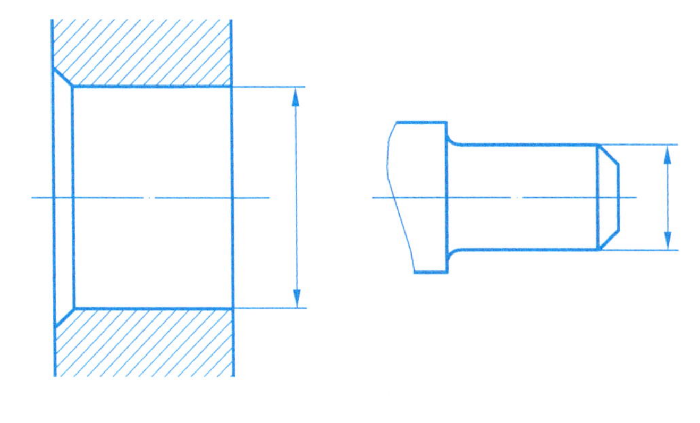

(3)根据配合代号,在零件图上分别标出轴和孔的极限偏差值,并指出是何类配合。

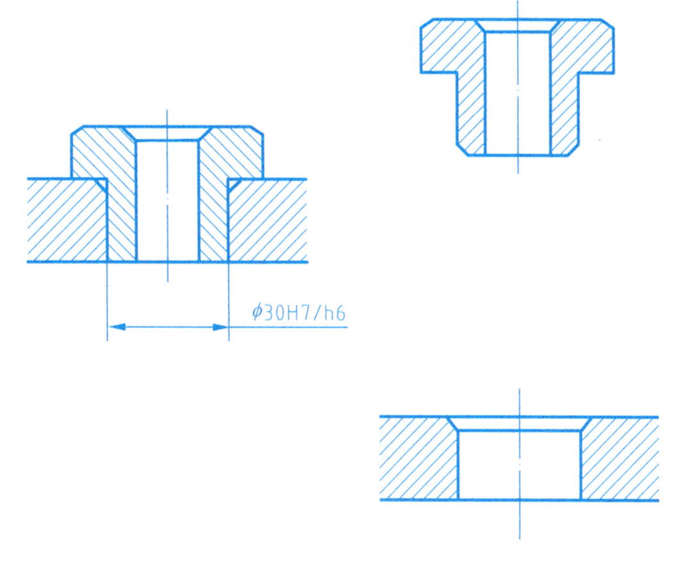

(4)根据轴和孔的极限偏差值,在装配图上注出其配合代号。

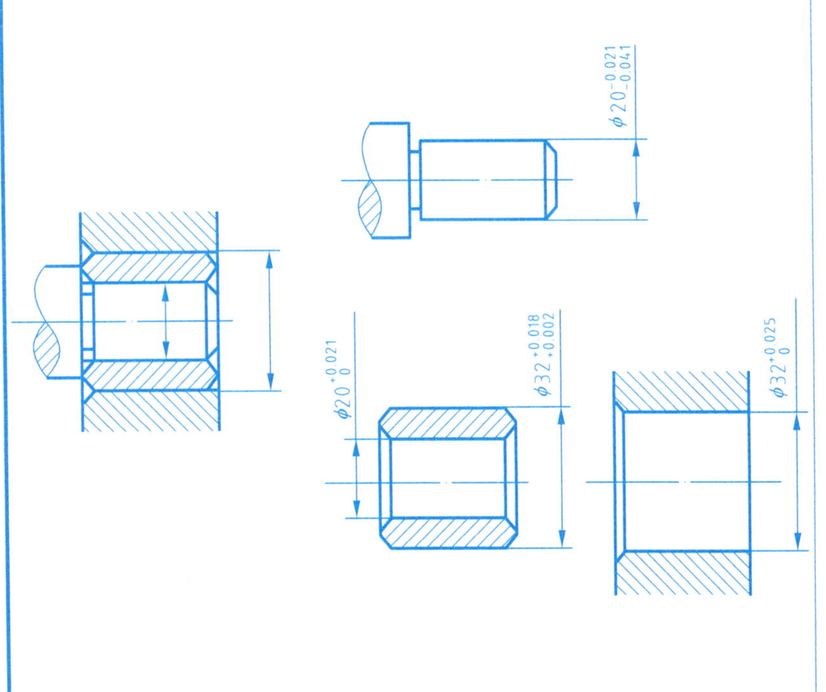

(5)说明图中标注的形位公差框格的含义。

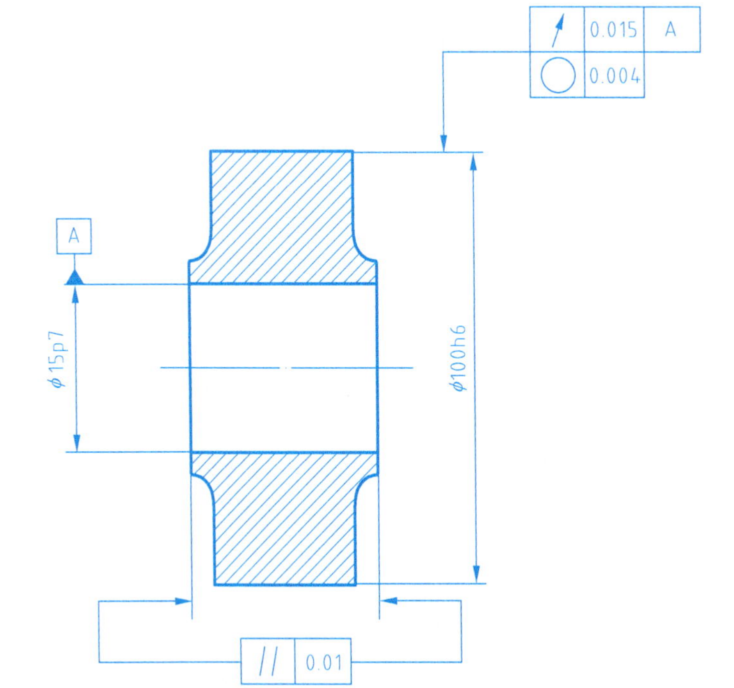

(6)将文字说明的含义用形位公差代号标注在图上。

①$\phi40$g6 的轴线对 $\phi20$H7 轴线的同轴度公差为 $\phi0.05$。

②右端面对 $\phi20$H7 的轴线的垂直度公差为 0.15。

③$\phi40$g6 的圆柱度公差为 0.03。

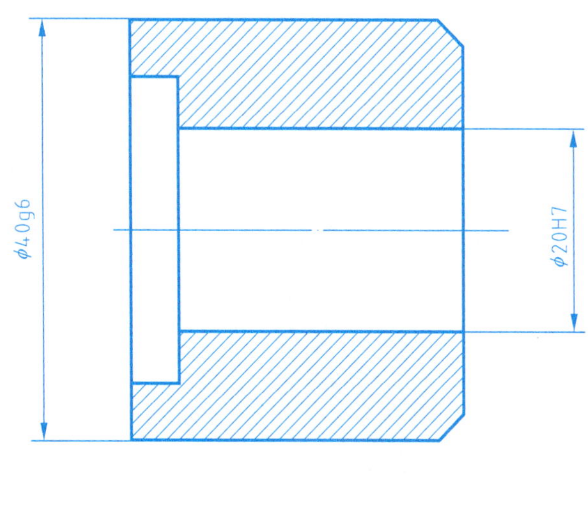

8-3　读零件图。（此部分习题可以作为计算机绘图练习题）

（1）（a）读齿轮轴零件图，并在指定位置补绘图中所缺的移出断面（图中键槽深请查表）；（b）用绘图软件画出该零件图。

模　数	m	2
齿　数	z	18
齿形角	α	20°
精度等级	8-7-7-DC	
齿　厚	3.142	
配对齿轮	图号	6503
	齿数	25

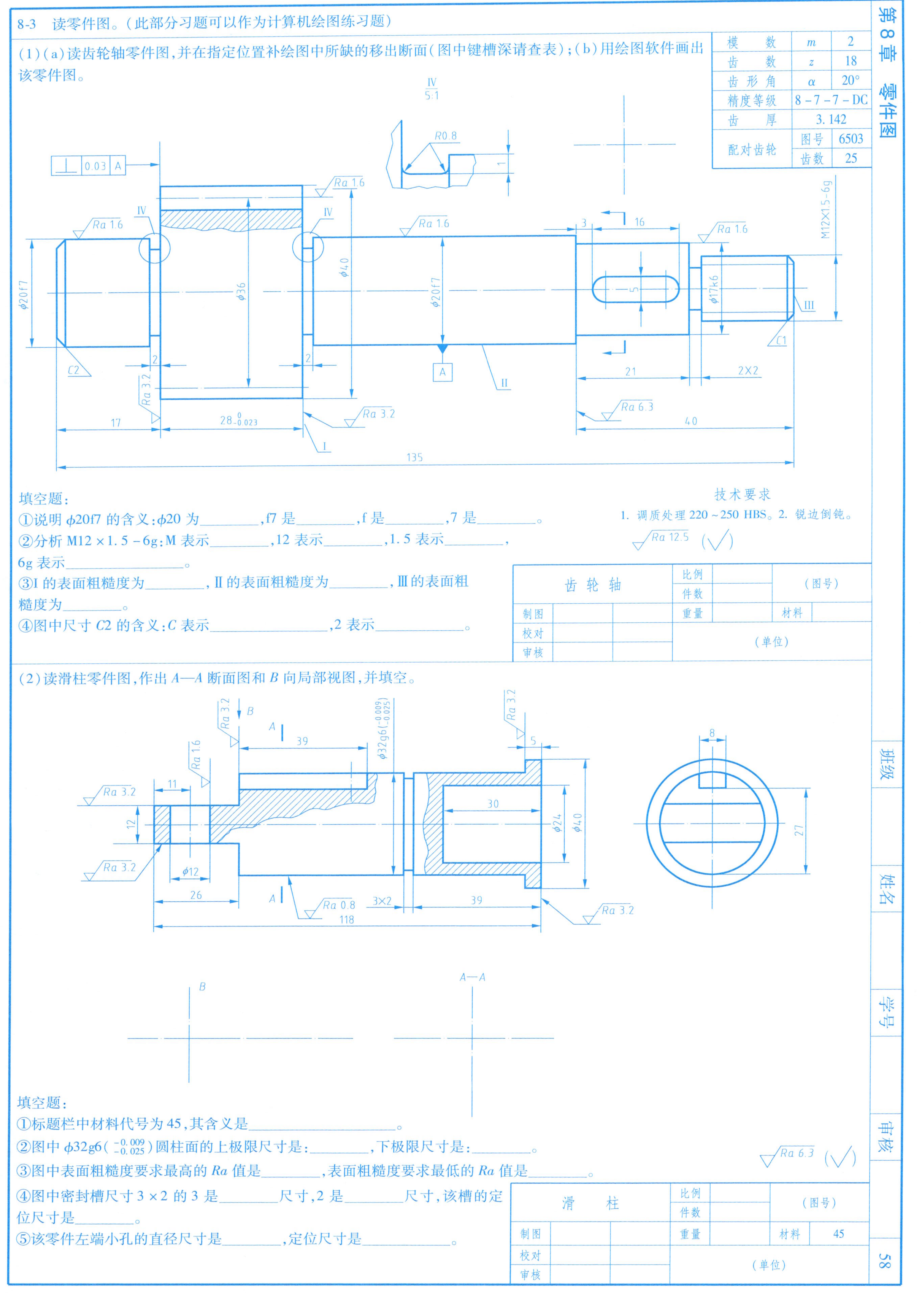

填空题：

①说明 φ20f7 的含义：φ20 为______，f7 是______，f 是______，7 是______。

②分析 M12×1.5-6g：M 表示______，12 表示______，1.5 表示______，6g 表示______。

③Ⅰ的表面粗糙度为______，Ⅱ的表面粗糙度为______，Ⅲ的表面粗糙度为______。

④图中尺寸 $C2$ 的含义：C 表示______，2 表示______。

（2）读滑柱零件图，作出 A—A 断面图和 B 向局部视图，并填空。

填空题：

①标题栏中材料代号为 45，其含义是______。

②图中 φ32g6($^{-0.009}_{-0.025}$) 圆柱面的上极限尺寸是：______，下极限尺寸是：______。

③图中表面粗糙度要求最高的 Ra 值是______，表面粗糙度要求最低的 Ra 值是______。

④图中密封槽尺寸 3×2 的 3 是______尺寸，2 是______尺寸，该槽的定位尺寸是______。

⑤该零件左端小孔的直径尺寸是______，定位尺寸是______。

8-3 读零件图。(此部分习题可以作为计算机绘图练习题)

(3)看端盖零件图,要求:看懂零件图,想象该零件的结构形状,完成填空题和右视图。

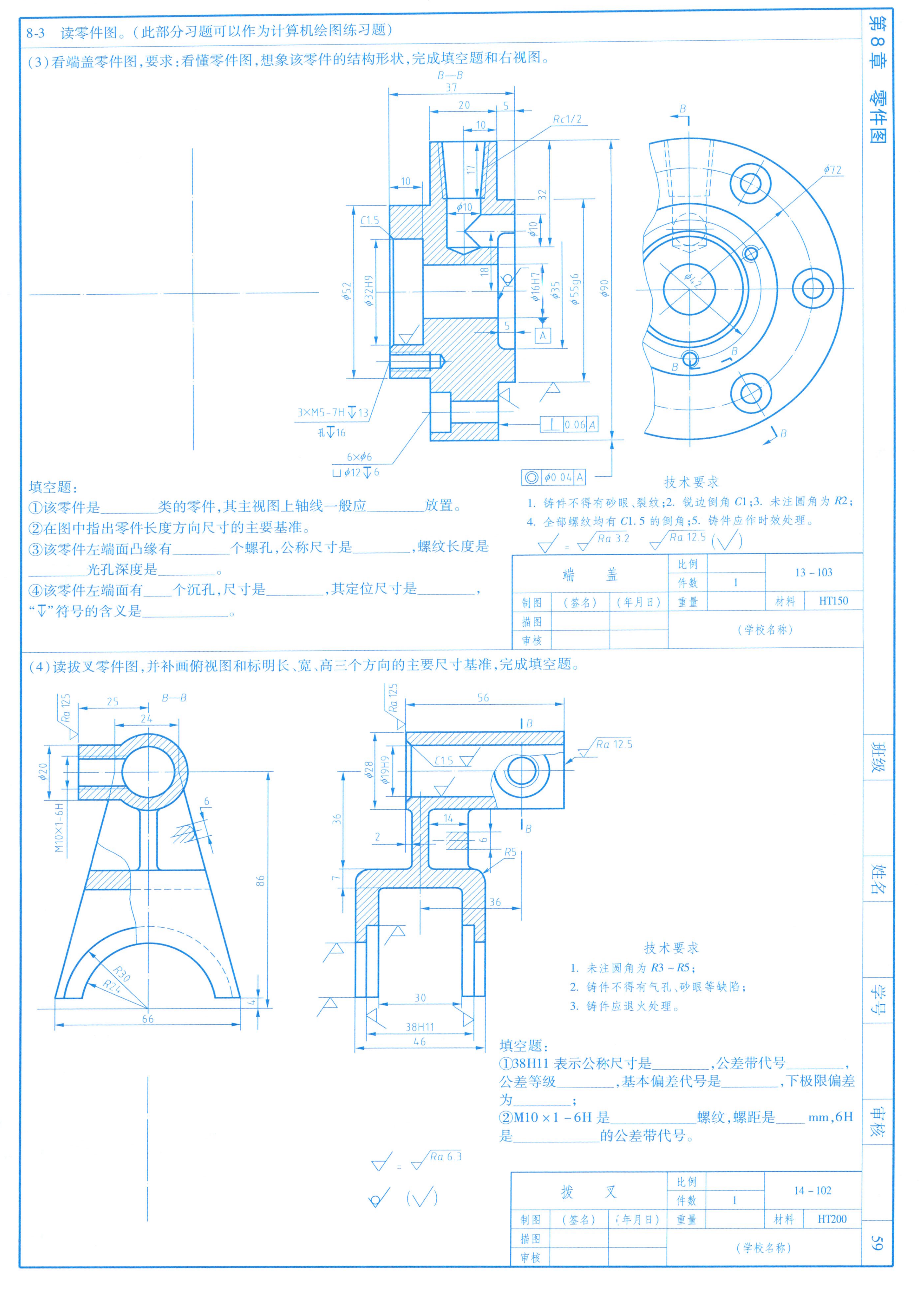

技术要求

1. 铸件不得有砂眼、裂纹;2. 锐边倒角 C1;3. 未注圆角为 R2;

4. 全部螺纹均有 C1.5 的倒角;5. 铸件应作时效处理。

√ = Ra 3.2　Ra 12.5 (√)

端盖			比例		13 - 103	
			件数	1		
制图	(签名)	(年月日)	重量		材料	HT150
描图			(学校名称)			
审核						

填空题:

①该零件是________类的零件,其主视图上轴线一般应________放置。

②在图中指出零件长度方向尺寸的主要基准。

③该零件左端面凸缘有________个螺孔,公称尺寸是________,螺纹长度是________光孔深度是________。

④该零件左端面有____个沉孔,尺寸是________,其定位尺寸是________,“↧”符号的含义是____________。

(4)读拨叉零件图,并补画俯视图和标明长、宽、高三个方向的主要尺寸基准,完成填空题。

技术要求

1. 未注圆角为 R3 ~ R5;

2. 铸件不得有气孔、砂眼等缺陷;

3. 铸件应退火处理。

填空题:

①38H11 表示公称尺寸是________,公差带代号________,公差等级________,基本偏差代号是________,下极限偏差为________;

②M10 × 1 - 6H 是__________螺纹,螺距是____ mm,6H 是__________的公差带代号。

拨叉			比例		14 - 102	
			件数	1		
制图	(签名)	(年月日)	重量		材料	HT200
描图			(学校名称)			
审核						

8-3　读零件图。(此部分习题可以作为计算机绘图练习题)

(5)读支架零件图,在指定位置画出 A—A 剖视图。在这张零件图中用符号“△”标出长度、宽度、高度方向的尺寸基准。

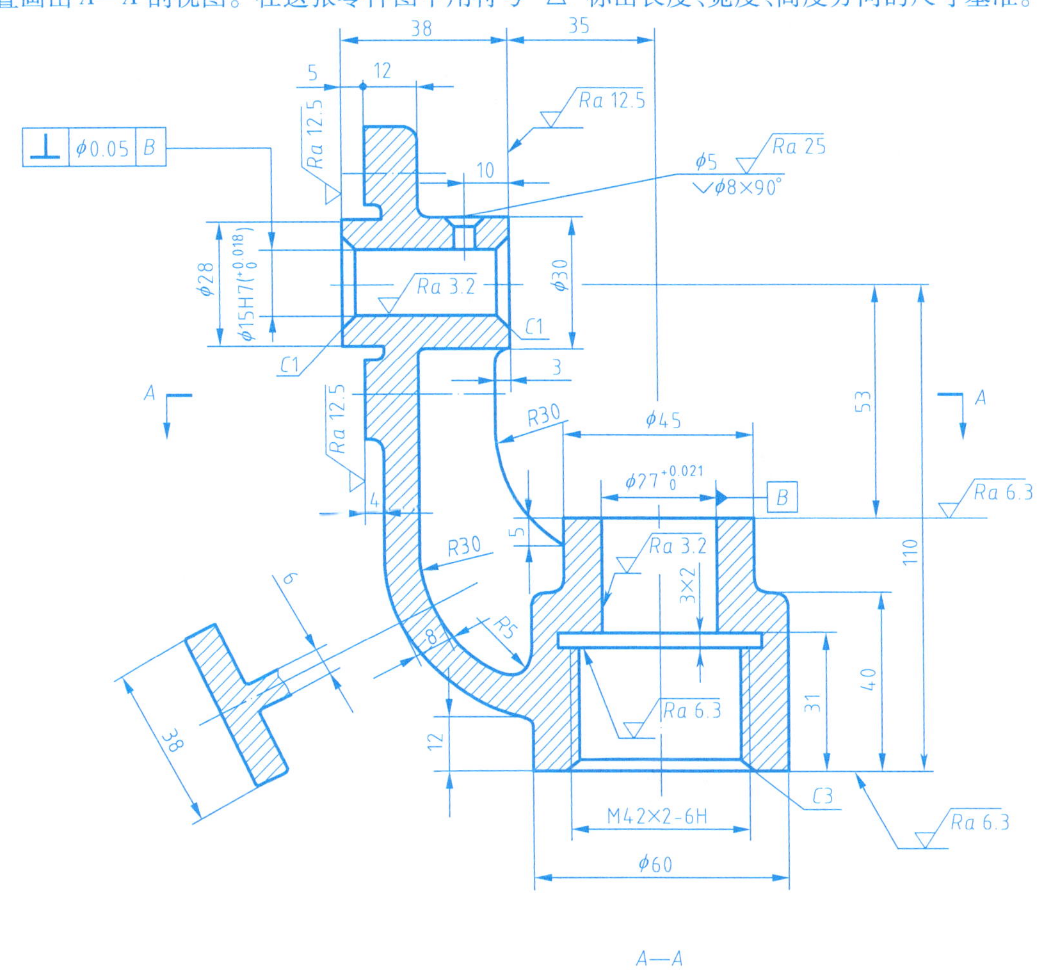

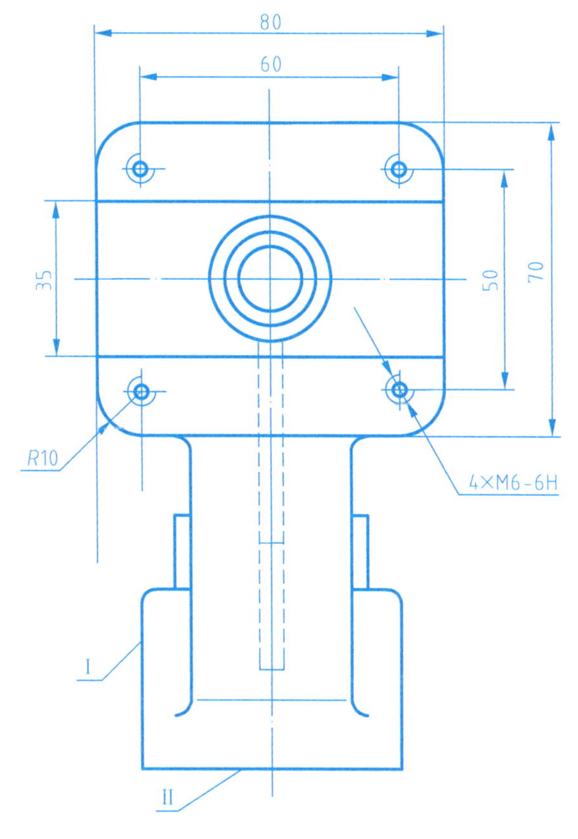

技术要求

1. 未注圆角为 $R3\sim R5$。
2. 铸件不允许有砂眼、缩孔、裂纹等缺陷。

填空题:

① Ⅰ面的表面粗糙度为________,Ⅱ面的表面粗糙度为________。

② $\phi27^{+0.021}_{0}$孔的公称尺寸是________,上极限尺寸是________。

③ $4\times$M6－6H 的含义是________________________________,其螺孔的定位尺寸________,________。

支　架		比例		
		件数		
制图		重量		材料 HT200
校对		(单位)		
审核				

8-3　读零件图。（此部分习题可以作为计算机绘图练习题）

(6) 看懂泵体的零件图，想象泵体的结构形状，回答下列问题并完成 C 向视图，并用绘图软件画出该零件图。

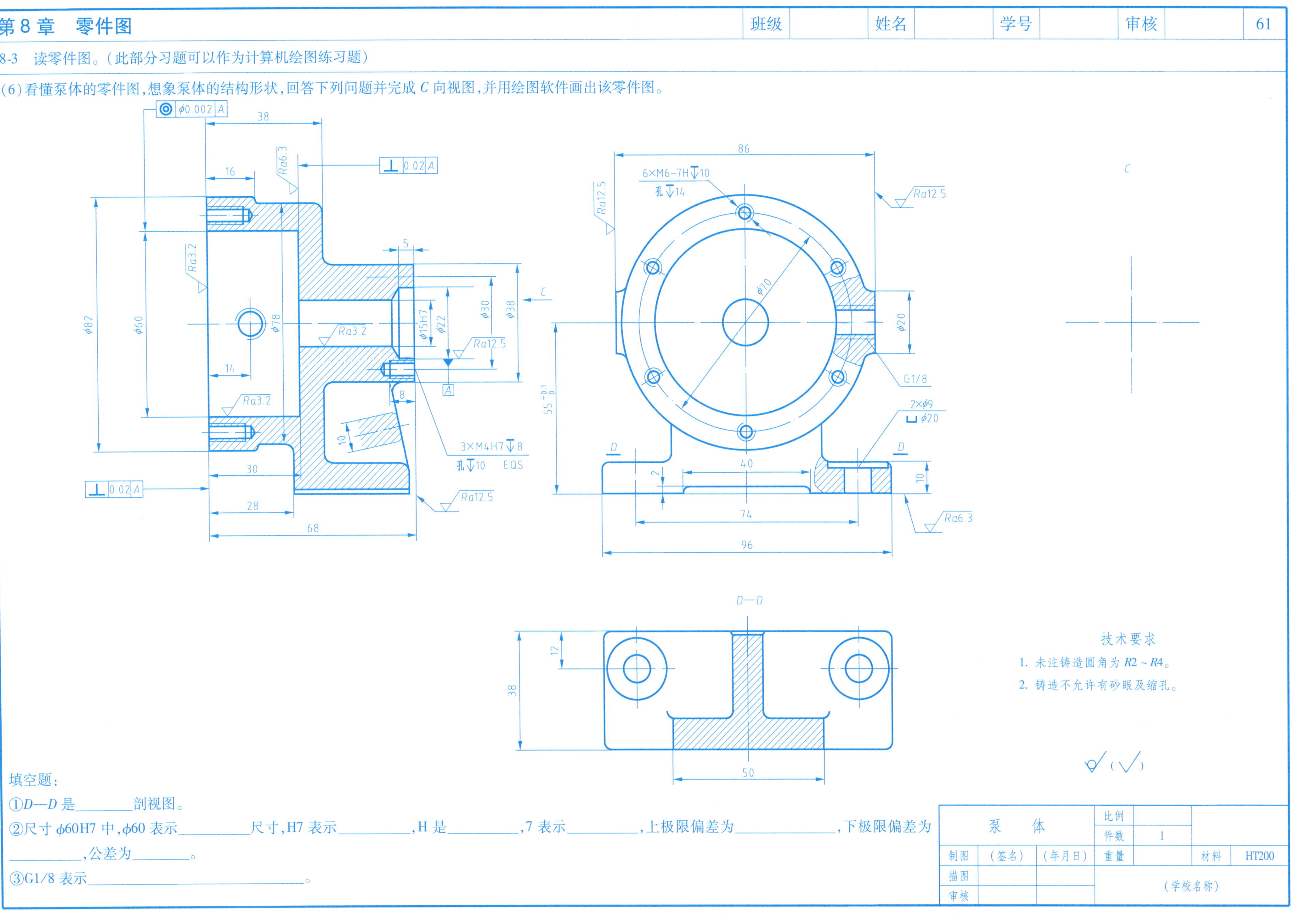

填空题：

①D—D 是________剖视图。

②尺寸 ϕ60H7 中，ϕ60 表示__________尺寸，H7 表示__________，H 是__________，7 表示__________，上极限偏差为____________，下极限偏差为__________，公差为________。

③G1/8 表示______________________________。

9-1 由零件图拼画装配图。

(1)千斤顶。要求:(a)用手工绘图;(b)三维建模后生成装配图。

7	底座	1	HT200	
6	螺套	1	QA19－4	
5	螺钉 M10×12	1	Q235	GB/T 73
4	铰杠	1	Q215	
3	螺旋杆	1	Q255	
2	螺钉 M8×12	1	Q235	GB/T 75
1	顶垫	1	Q275	
序号	名称	数量	材料	附注

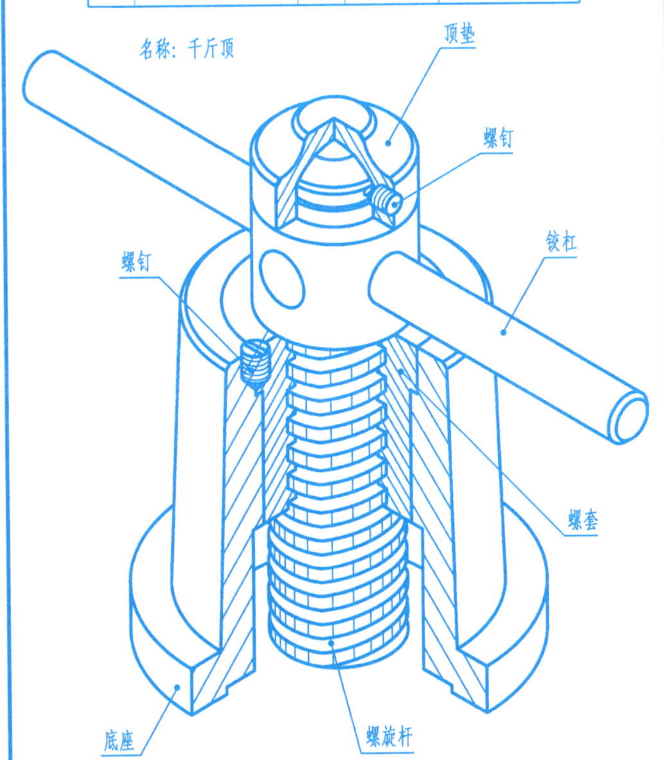

工作原理

千斤顶是利用螺旋传动来顶举重物的,它是汽车修理和机械安装中一种常见的起重工具。工作时,铰杠穿在螺旋杆顶部的圆孔中。旋转铰杠,螺旋杆在螺套中靠螺纹作上下移动。顶垫上的重物靠螺旋杆的上升而顶起。

螺套嵌压在底座中,其一面用螺纹固定,磨损后便于更换、修配。

螺旋杆的球面形顶部套上一个顶垫,靠螺钉与螺旋杆连接而不固定,以防止顶垫随螺旋杆一起旋转而脱落。

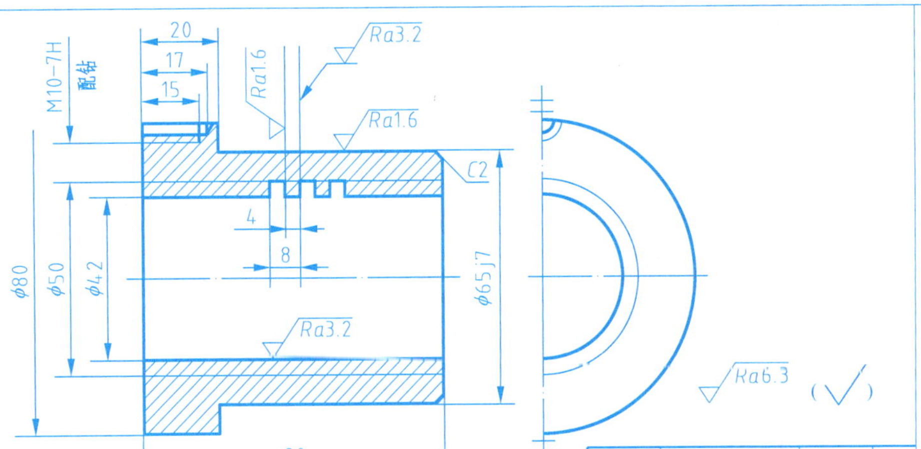

名称	螺套	序号	6
数量	1	材料	QA19－4

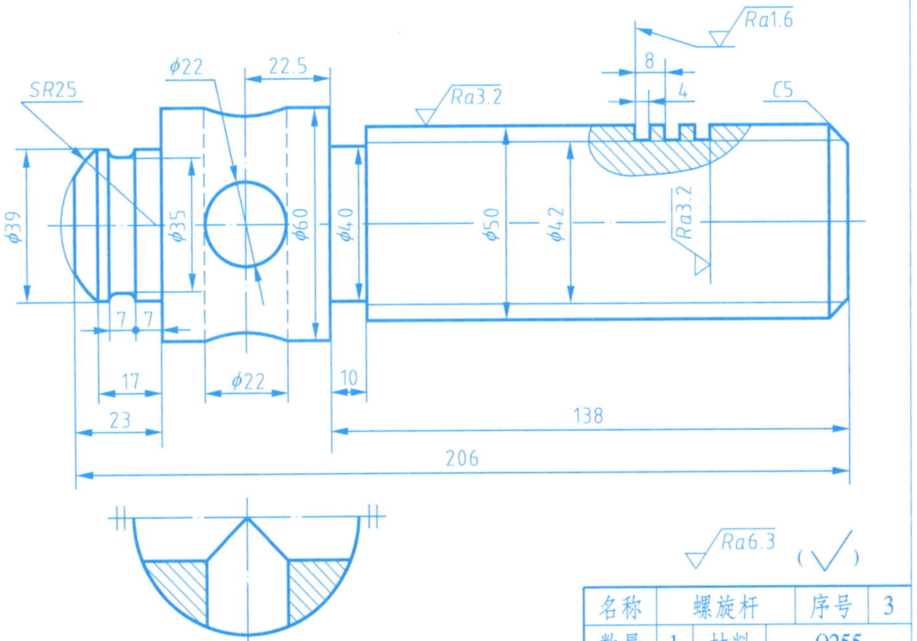

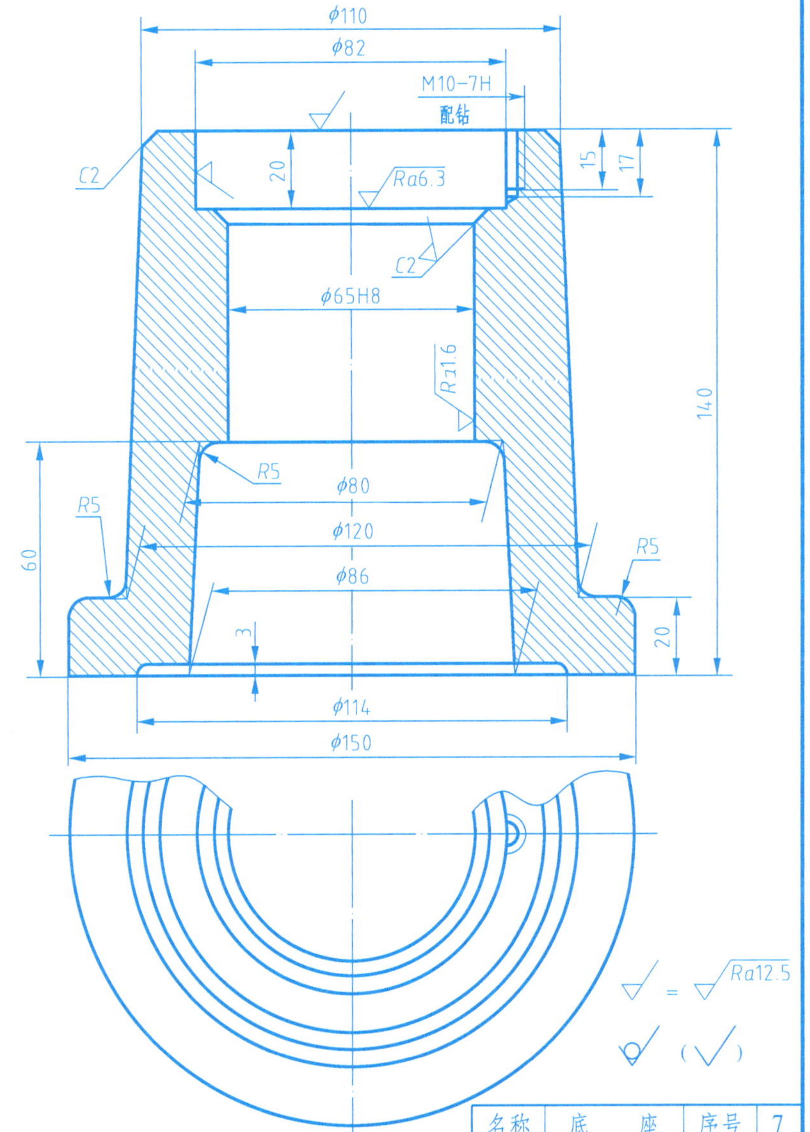

名称	底座	序号	7
数量	1	材料	HT200

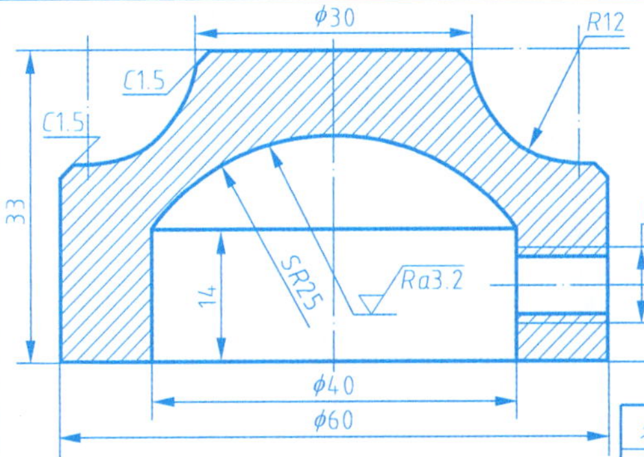

名称	螺旋杆	序号	3
数量	1	材料	Q255

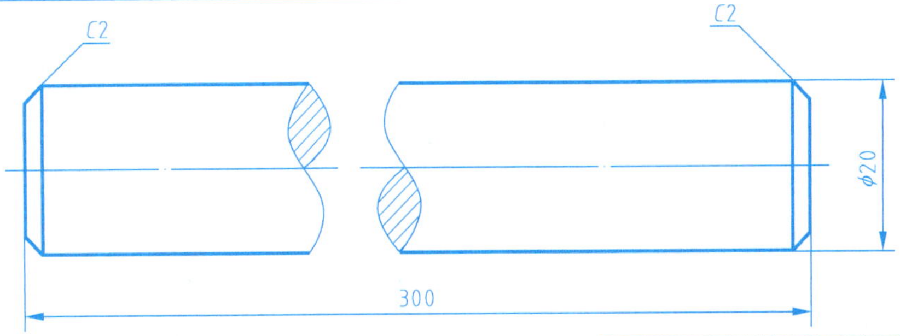

名称	铰杠	序号	4
数量	1	材料	Q215

名称	顶垫	序号	1
数量	1	材料	Q275

9-1　由零件图拼画装配图。

(2)手压阀。根据手压阀的装配示意图、明细表及零件图，用 A3 图纸拼画它的装配图。

1. 手压阀装配示意图及明细表。

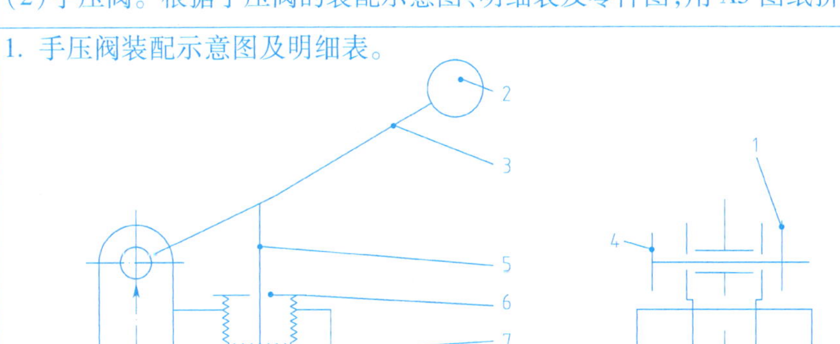

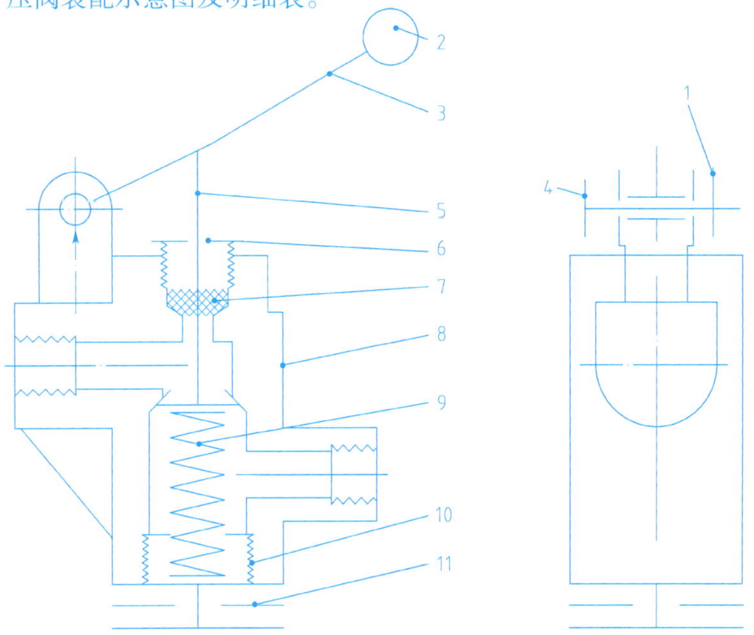

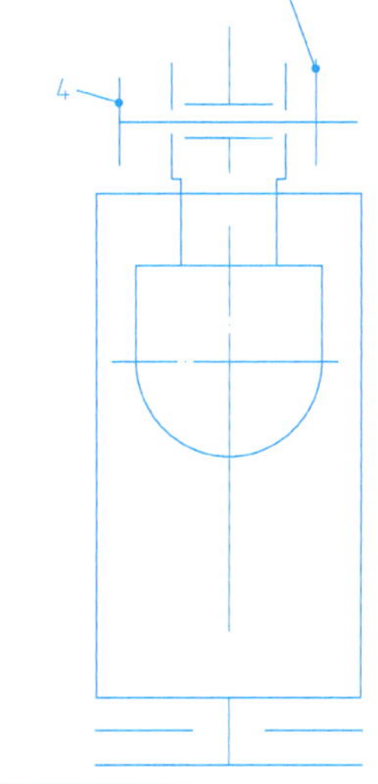

编号	名称	数量	材料	备　注
11	胶垫		橡胶	
10	调节螺钉	1	Q235	
9	弹簧	1	60CrVA	
8	阀体	1	HT150	
7	填料	1	耐油橡胶	
6	螺套	1	Q235	
5	阀杆	1	45	
4	销钉	1	20	
3	手柄	1	20	
2	球头	1	胶木	
1	销 4×16	1	Q235	GB/T 91

工作原理

手压阀是吸进和排出液体的一种手动阀门，当握住手柄向下压紧阀杆时，阀杆压缩弹簧而向下移动，液体的出、入口相通；当手柄抬起时，弹簧松开，阀杆向上紧贴阀体，液体则不再通过。

作业

(1)了解部件的工作原理，弄清每个零件的作用及结构。

(2)确定表达方案，按 1:1 比例画装配图。

(3)绘图时，先画阀体 7，再画阀杆 5(注意：按阀杆的最高极限位置画)。

2.

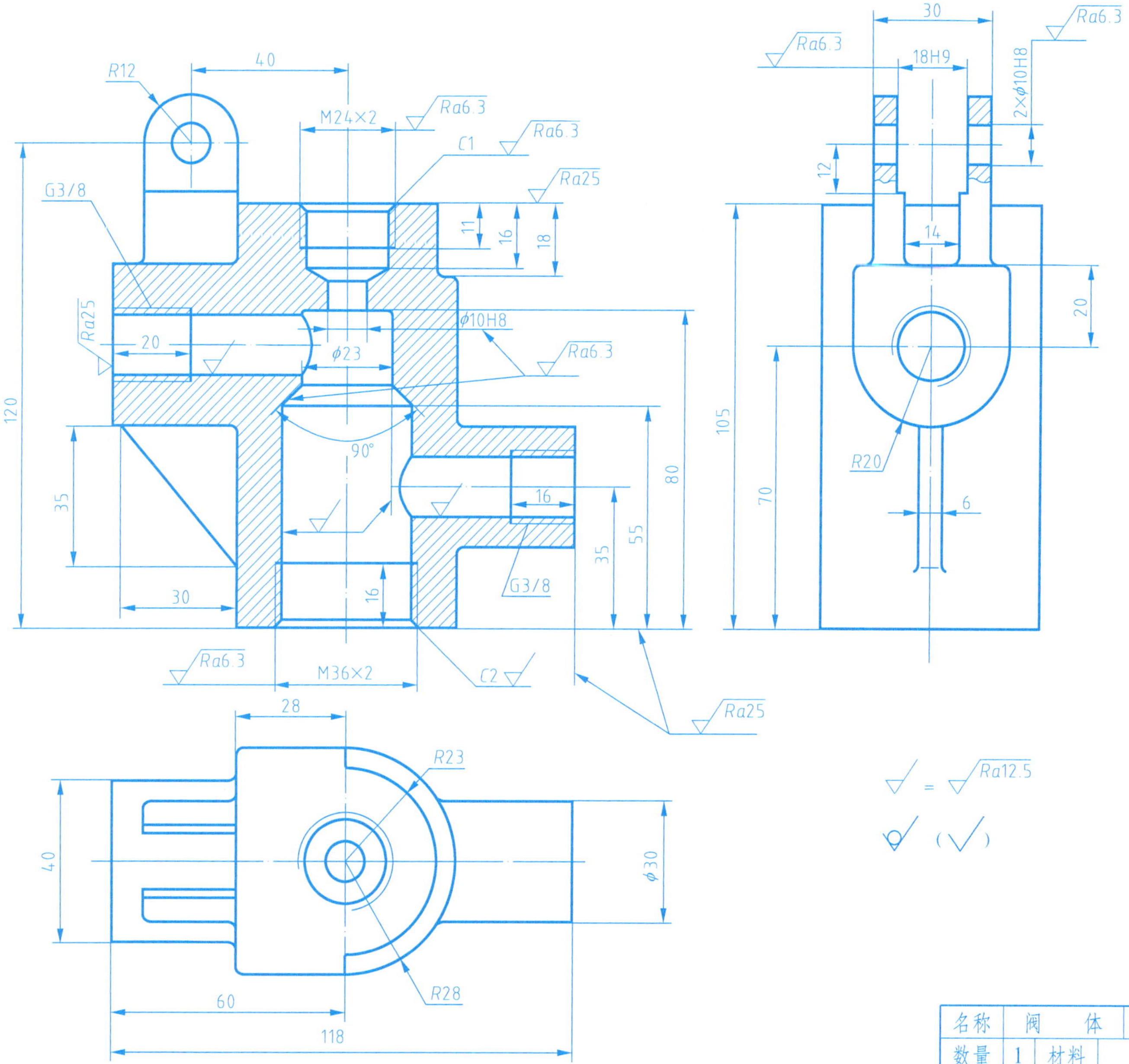

名称	阀　体	序号	8
数量	1	材料	HT150

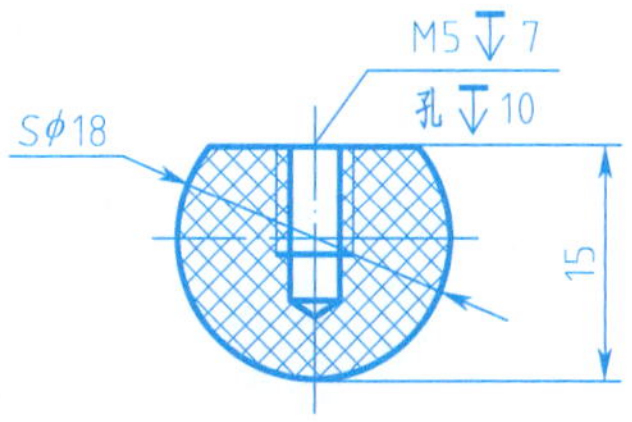

名称	球　头	序号	2
数量	1	材料	胶木

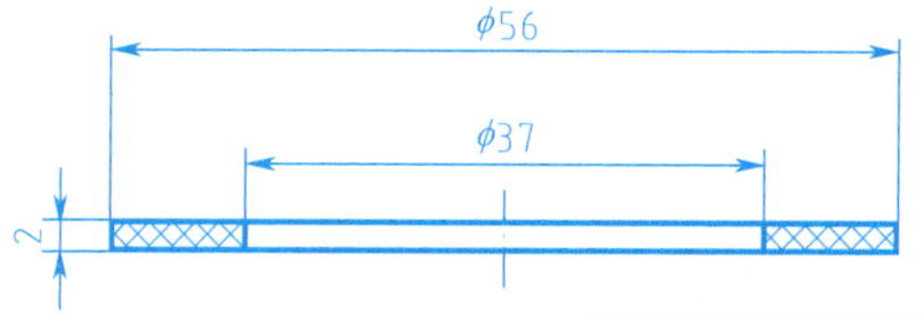

名称	胶　垫	序号	11
数量	1	材料	橡胶

9-1 由零件图拼画装配图。

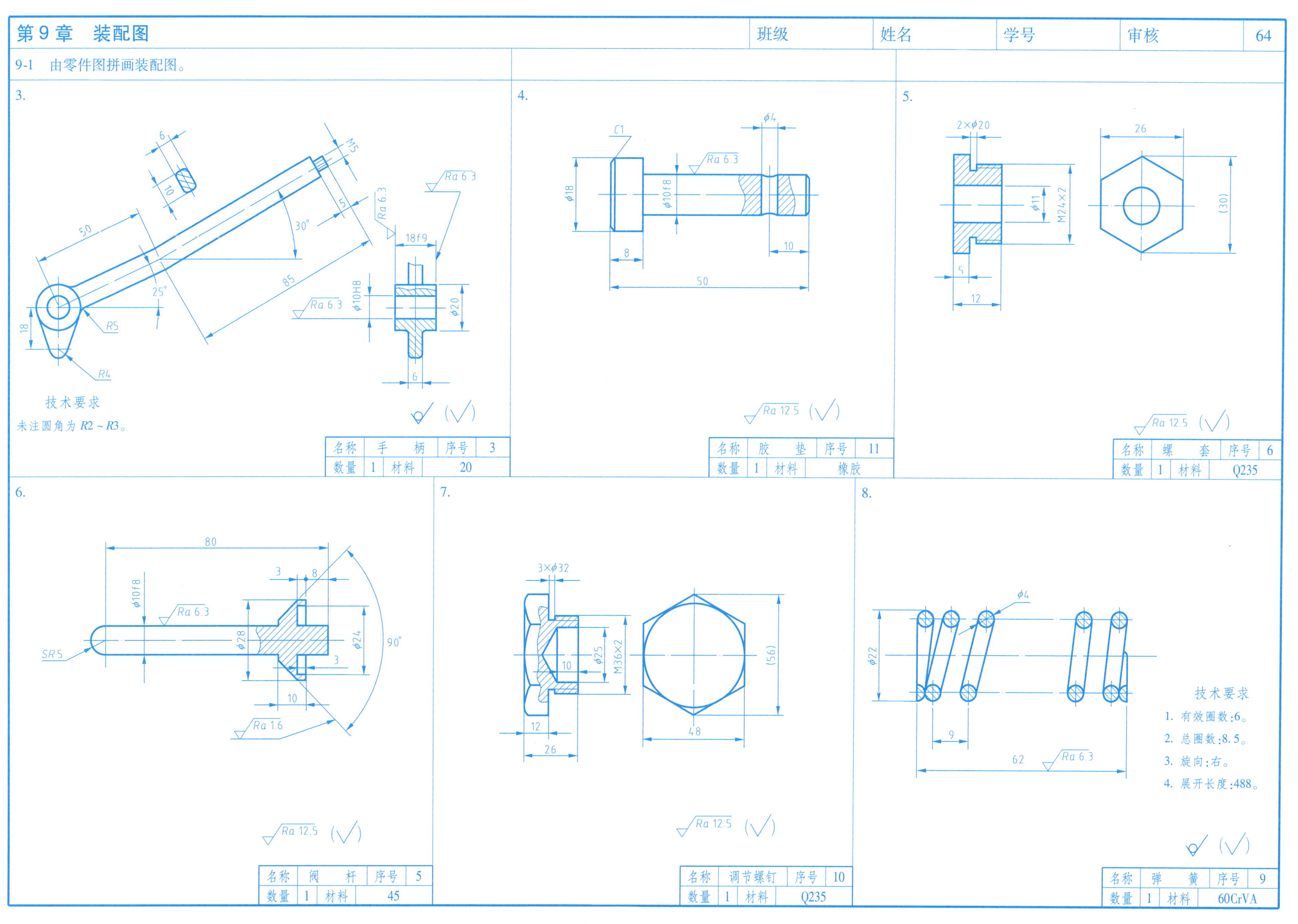

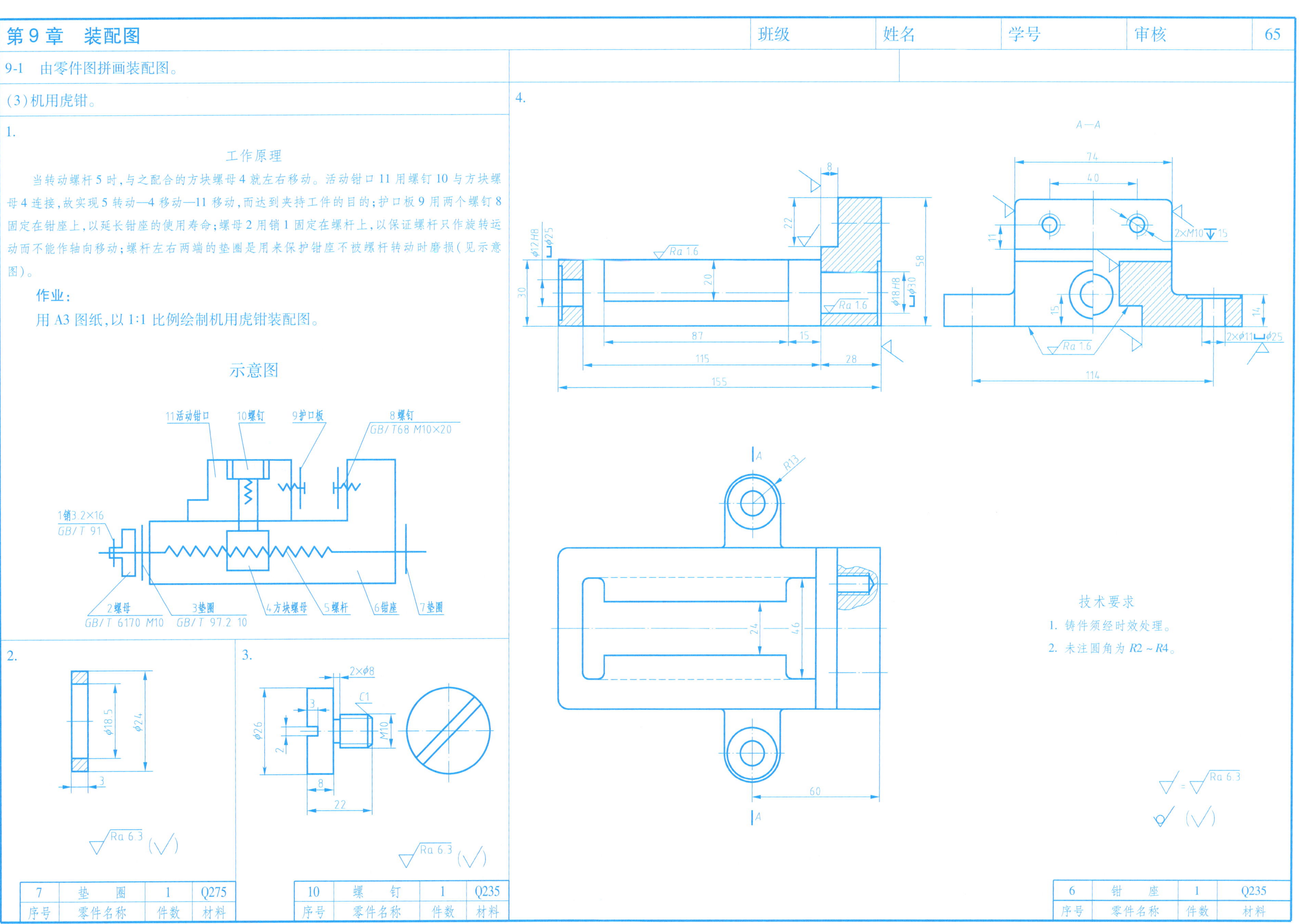
第9章 装配图
班级
姓名
学号
审核
65
9-1 由零件图拼画装配图。
(3)机用虎钳。
1.
工作原理
当转动螺杆5时，与之配合的方块螺母4就左右移动。活动钳口11用螺钉10与方块螺母4连接，故实现5转动—4移动—11移动，而达到夹持工件的目的；护口板9用两个螺钉8固定在钳座上，以延长钳座的使用寿命；螺母2用销1固定在螺杆上，以保证螺杆只作旋转运动而不能作轴向移动；螺杆左右两端的垫圈是用来保护钳座不被螺杆转动时磨损(见示意图)。
作业：
用A3图纸，以1:1比例绘制机用虎钳装配图。
示意图
11活动钳口
10螺钉
9护口板
8螺钉
GB/T 68 M10×20
1销3.2×16
GB/T 91
2螺母
GB/T 6170 M10
3垫圈
GB/T 97.2 10
4方块螺母
5螺杆
6钳座
7垫圈
2.
φ18.5
φ24
3
Ra 6.3
7 垫圈 1 Q275
序号 零件名称 件数 材料
3.
2×φ8
C1
φ26
3
2
M10
8
22
Ra 6.3
10 螺钉 1 Q235
序号 零件名称 件数 材料
4.
A—A
74
40
2×M10 15
11
15
14
Ra 1.6
2×φ11 φ25
114
8
22
φ12H8
φ25
30
20
Ra 1.6
Ra 1.6
φ18H8
φ30
58
87
15
115
28
155
A
R13
24
46
60
A
技术要求
1. 铸件须经时效处理。
2. 未注圆角为R2～R4。
Ra 6.3
6 钳座 1 Q235
序号 零件名称 件数 材料

9-1 由零件图拼画装配图。

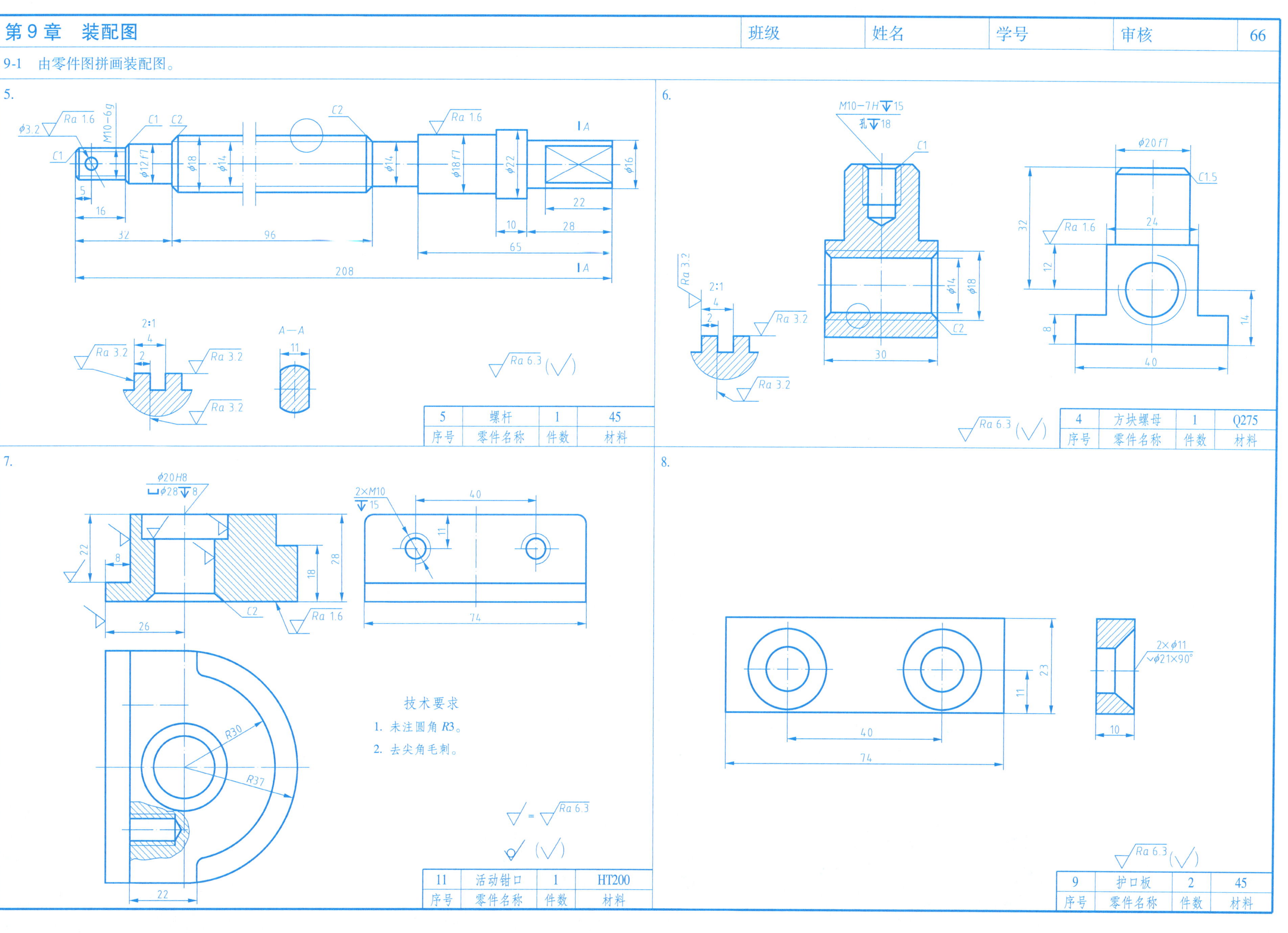

9-2　读装配图并拆画零件图。

(1)泄气阀。

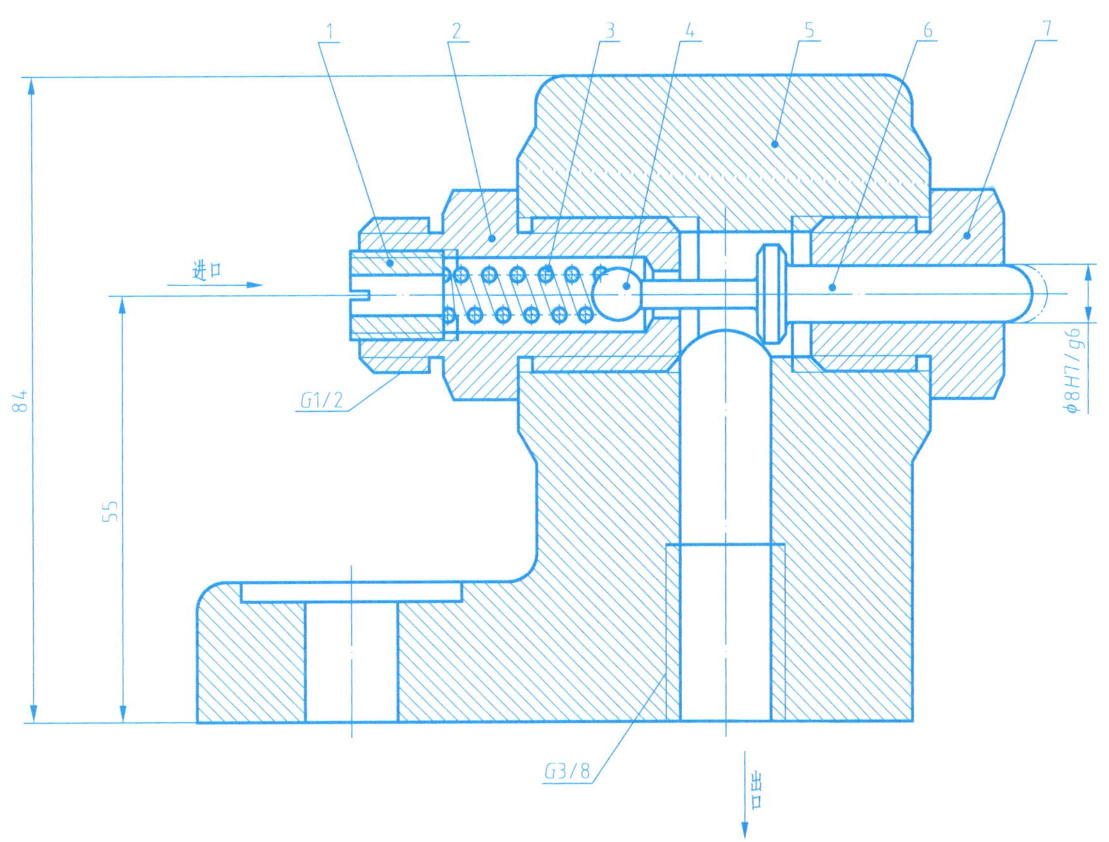

工作原理

推动阀杆 6,顶起钢球 4 打开阀口,从而达到泄气。

作业:

1. 看懂泄气阀的装配图后完成。

(1)用适当的表达方法拆画阀杆套的零件图;要求在零件图上标注有配合要求的尺寸公差,并注出 $\phi 8$ 内表面的粗糙度,该表面的 Ra 上限值为 6.3 μm。

(2)用 1:1 的比例在 A3 图纸上拆画零件 5。

2. 回答问题并填空。

(1)该装配体名称是__________;共_______个零件;

(2)零件 5 的材料是__________;

(3)尺寸 $\phi 8H7/g6$ 是零件____与零件____的_______尺寸;

(4)该泄气阀的总体尺寸是______________;

(5)如果要更换零件 4,至少要拆去零件____________;

(6)零件 2 和零件 5 的连接方式是_____________;

(7)零件 1 的作用是________________________。

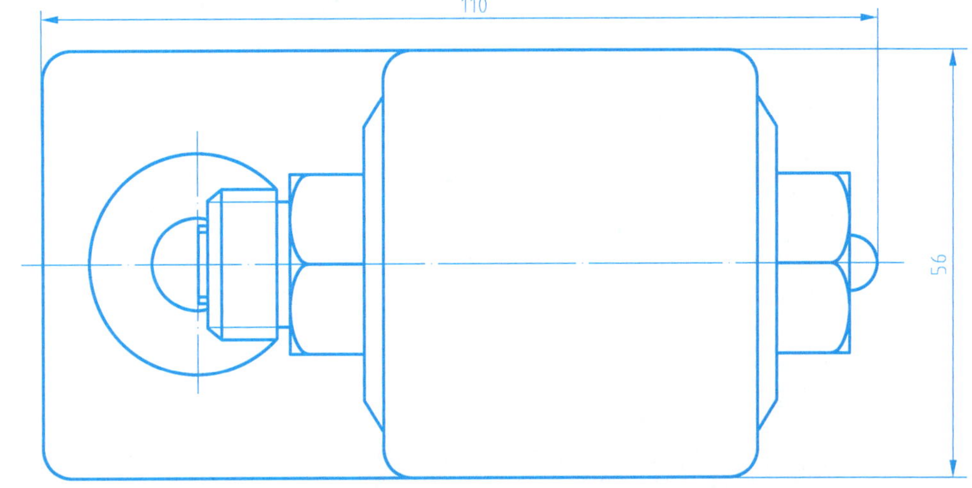

7	阀杆套	1	35	
6	阀杆	1	35	
5	阀座	1	HT200	
4	钢球	1	45	
3	弹簧	1	55Si2Mn	
2	阀套	1	Q235	
1	调整螺套	1	Q235	
序号	名　称	数量	材料	备注

泄　气　阀		比例	1:1	
绘图		重量		第　张　共　张
校对				
审核				

9-2　读装配图并拆画零件图。

(2)油缸。

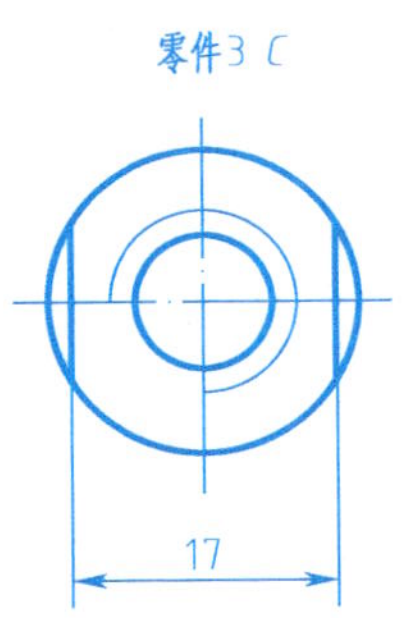

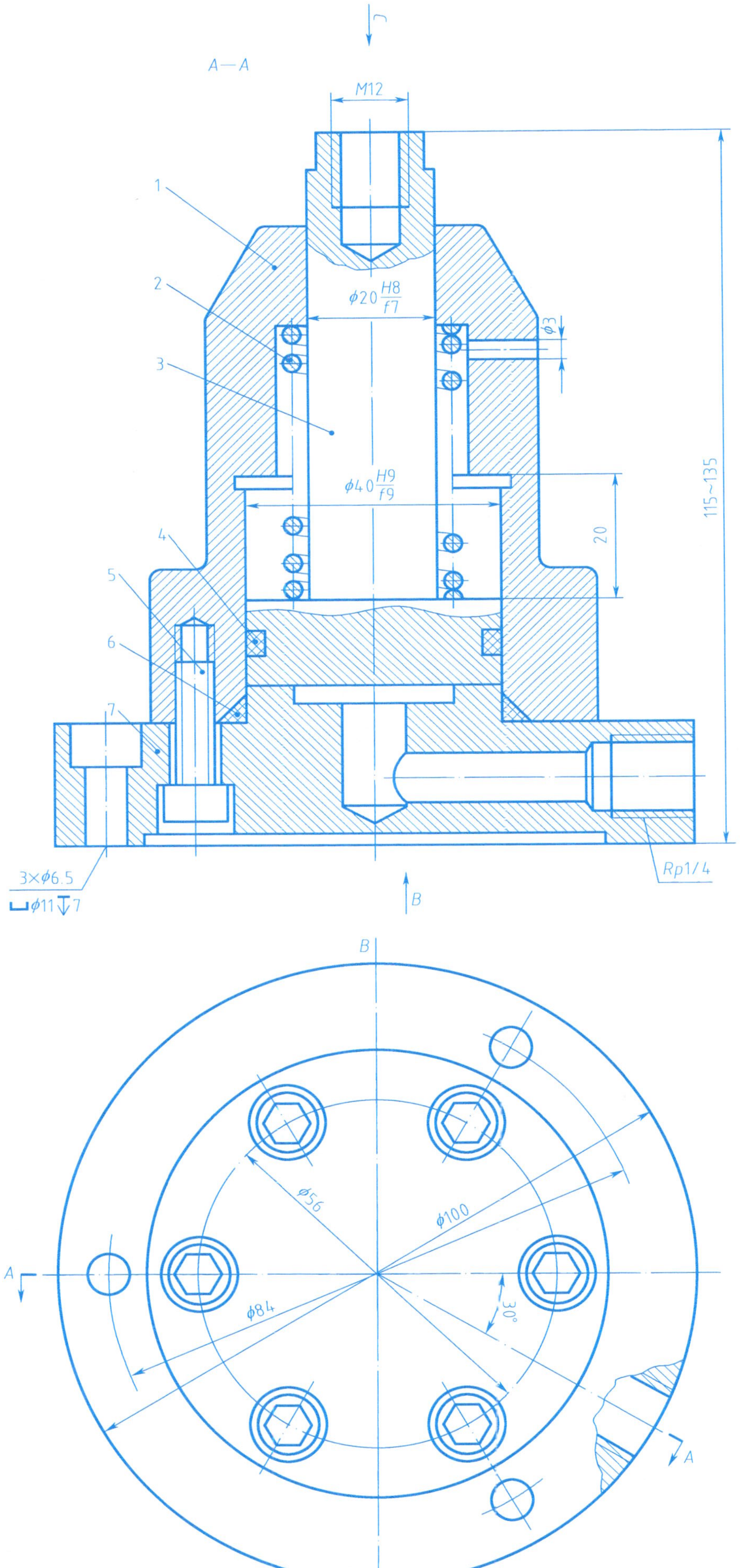

零件3 C

17

A—A

M12

$\phi20\frac{H8}{f7}$

$\phi40\frac{H9}{f9}$

$\phi3$

20

115~135

$3\times\phi6.5$

⌴$\phi11$↧7

Rp1/4

B

A

$\phi100$

$\phi56$

$\phi84$

30°

工作原理

油缸以压力油为动力源，推动活塞 3 并带动其他工作机械往复运动，压力油经过端盖 7 的 R_P1/4 螺孔进入缸体，推动活塞向上运动 20 mm。当关闭油路后活塞在弹簧 2 的作用下自动复位。活塞上端的 M12 螺孔供连接其他工作机械之用。

作业：

1. 读懂装配图并作下列各题：

(1)零件 3 向上运动的极限距离是__________________。

(2)零件 5 的作用是________。

(3)下列尺寸各属于装配图中的何种尺寸？

115～135 属于________尺寸；

$\phi40\frac{H9}{f9}$属于________尺寸；

$3\times\phi6.5$ 属于________尺寸。

(4)说明 $\phi20\frac{H8}{f7}$的含义：

该配合属于________制，________配合，$\phi20$ 是________尺寸，H8 是________代号，f7 是________代号。

2. 用 A3 图纸，以 1∶1 的比例拆画零件1(缸体)的工作图；并拆画零件 7(端盖)的草图。

技术要求

1. 活塞工作行程时无爬行现象；
2. 油压在 0.4 MPa 时无漏油现象。

7	端盖	1	35		1	缸体	1	45	
6	密封圈	1	耐油橡胶	$d=40$ $d_1=4$	序号	名称	数量	材料	备注
5	内六角螺钉 M6×20	6	Q235	GB/T 70.1	油缸		重量		图号
4	密封圈	1	耐油橡胶	$d=35$ $d_1=4$			比例	1∶1	共 1 张　第 1 张
3	活塞	1	40Cr		制图		(学校班级)		
2	弹簧	1	65Mn	$H=60$ $d=3$ $f=8.5$	审核				

9-2　读装配图并拆画零件图。

(3)柱塞泵。

工作原理

柱塞泵是用于以一定的高压供油的部件。

当柱塞 5 在外力作用下向右移动时，腔体 V 由于体积增大而形成低压区，油箱中的油在大气压的作用下推开下阀瓣 14 进入油腔 V，此时上阀瓣 10 关闭；当柱塞 5 左移时，油腔 V 由于体积减小而使油压升高，但不能打开下阀瓣 14，而只能顶开上阀瓣 10，输出高压油。

作业：

(1)读懂装配图。

(2)用 A3 图纸，以 1:1 的比例拆画零件 1(泵体)的工作图；并画零件 6、12、13 的草图。

(3)此柱塞泵共有零件________种，其中标准件共有________个。

(4)零件 6 与零件 1 的连接方式是________。

(5)如果要更换零件 8，需拆去零件________(请按拆卸顺序填写序号)。

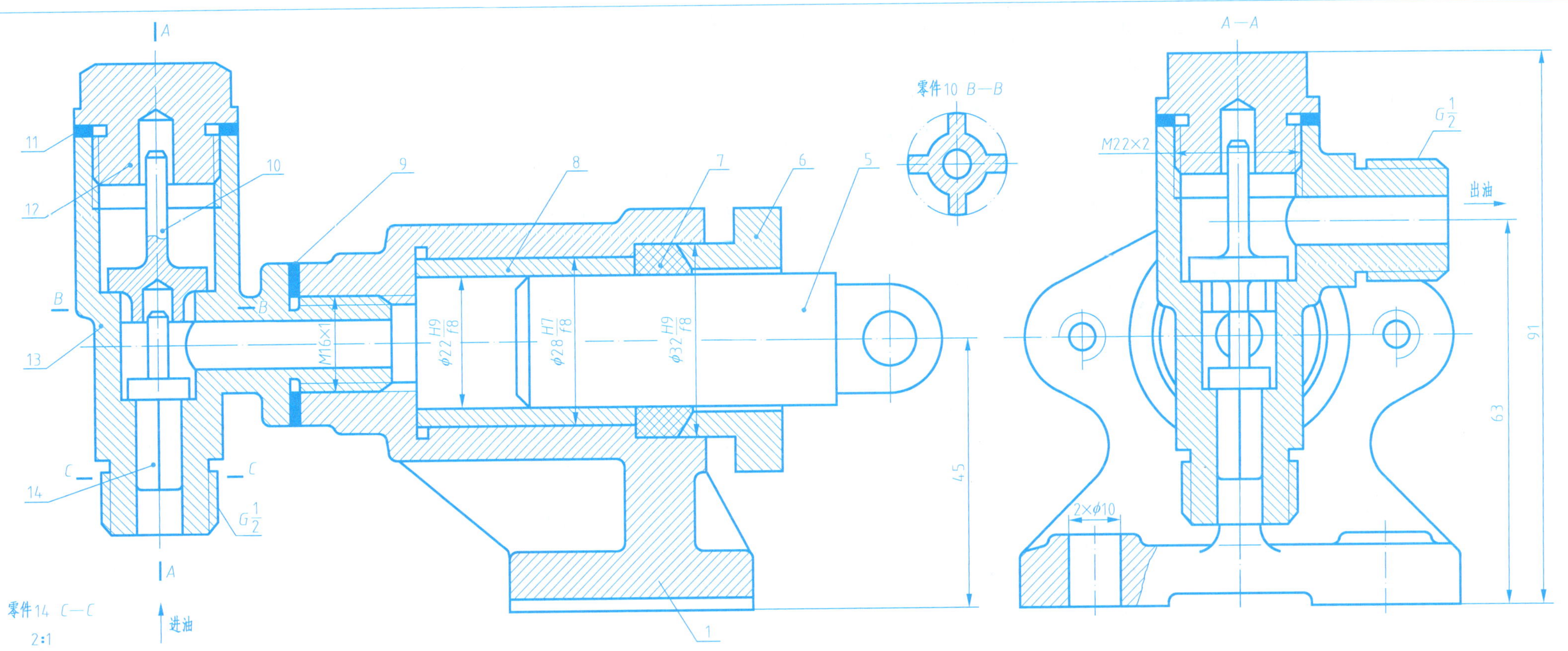

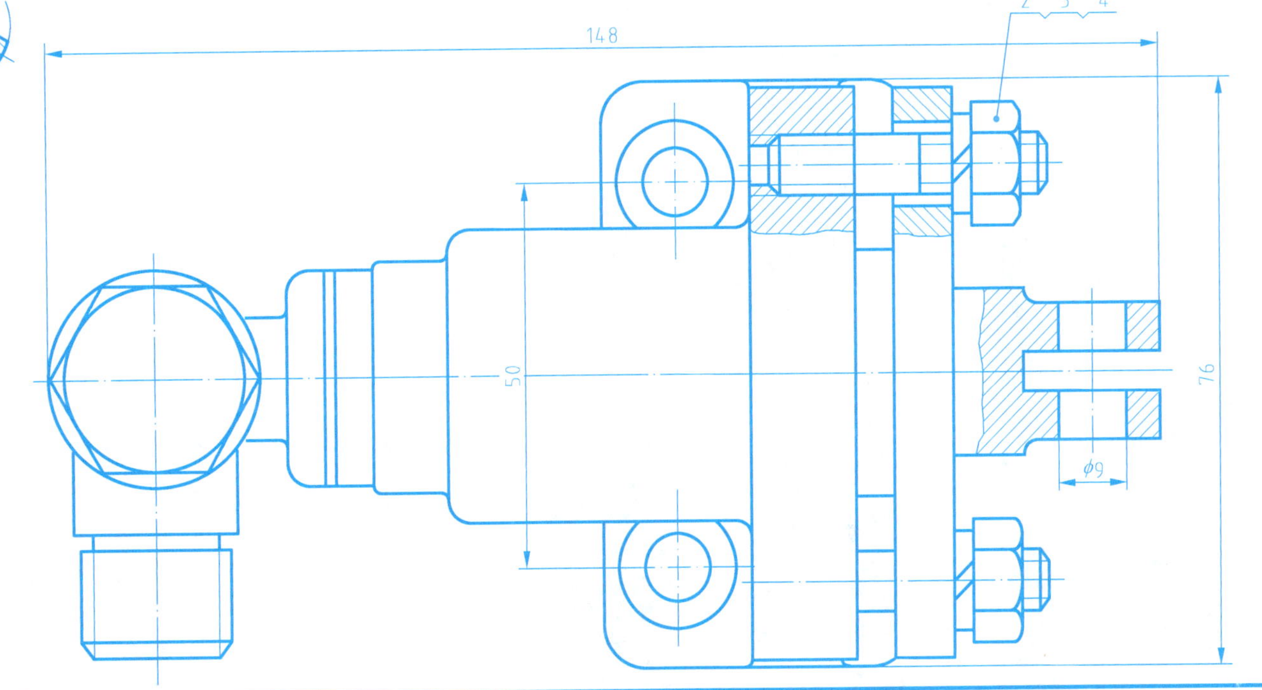

14	下阀瓣	1	HMn58-2	
13	管接头	1	HMn58-2	
12	螺塞	1	HMn58-2	
11	垫片	1	耐油橡胶	
10	上阀瓣	1	HMn58-2	
9	垫片	1	耐油橡胶	
8	衬套	1	HMn58-2	
7	填料	1	毛毡	
6	填料压盖	1	HMn58-2	
5	柱塞	1	45	
4	螺柱 M8×35	2	Q235-A	GB 898
3	垫圈	2	65Mn	GB/T 93
2	螺母 M8	2	Q235-A	GB/T 6170
1	泵体	1	HT150	
序号	名称	件数	材料	备注

柱塞泵	比例	1:1	(图　号)
	重量		
制图			(单　位)
审核			

参考文献

[1] 清华大学工程图学及计算机辅助设计教研室. 机械制图[M]. 5 版. 北京:高等教育出版社,2006.

[2] 大连理工大学工程图学教研室. 画法几何学[M]. 7 版. 北京:高等教育出版社,2011.

[3] 大连理工大学工程图学教研室. 机械制图[M]. 7 版. 北京:高等教育出版社,2013.

[4] 大连理工大学工程图学教研室. 机械制图习题集[M]. 6 版. 北京:高等教育出版社,2013.

[5] 同济大学、上海交通大学等院校《机械制图》编写组. 机械制图[M]. 7 版. 北京:高等教育出版社,2016.

[6] 同济大学、上海交通大学等院校《机械制图》编写组. 机械制图习题集[M]. 7 版. 北京:高等教育出版社,2015.

[7] 焦永和,张彤,张昊,等. 机械制图手册[M]. 6 版. 北京:机械工业出版社,2022.

[8] 刘炀,王静,等. 现代机械工程图学[M]. 2 版. 北京:机械工业出版社,2024.

[9] 王静,刘炀,等. 现代机械工程图学习题集[M]. 2 版. 北京:机械工业出版社,2024.